乡村景观设计
理论与方法

张 峰 著

辽宁人民出版社

图书在版编目(CIP)数据

乡村景观设计理论与方法 / 张峰著. — 沈阳 : 辽宁人民出版社, 2025.2

ISBN 978-7-205-11171-7

Ⅰ. ①乡… Ⅱ. ①张… Ⅲ. ①乡村—景观设计—研究 Ⅳ. ①TU986.2

中国国家版本馆CIP数据核字(2024)第094519号

出版发行:辽宁人民出版社

地址:沈阳市和平区十一纬路25号 邮编:11003

电话:024-23284321(邮 购) 024-23284324(发行部)

传真:024-23284191(发行部) 024-23284304(办公室)

http://www.lnpph.com.cn

印　　刷:辽宁一诺广告印务有限公司

幅面尺寸:170mm×240mm

印　　张:12

字　　数:200千字

出版时间:2025年2月第1版

印刷时间:2025年2月第1次印刷

责任编辑:张天恒　王晓筱

装帧设计:识途文化

责任校对:吴艳杰

书　　号: ISBN 978-7-205-11171-7

定　　价:68.00元

前言

乡村景观是典型的人与自然相互作用的产物，兼具自然生态、空间构筑、美学价值等多重复合价值。自20世纪80年代以来，我国广大乡村地区发生了翻天覆地的改变，尤其在经济、社会发展水平较高的地区，快速的工业化和城镇化进程急剧影响着区域性乡村景观空间格局及生态系统服务功能的形成、发展和时空演变过程。乡村景观的可持续发展问题已成为我国政府持续关注的农业、农村、农民（简称“三农”）问题中重大的国家战略问题，尤其是党的十九大以来，我国提出的乡村振兴战略，更是为解决好“三农”问题、建设好美丽乡村提供了坚实的制度与政策保障。

目前，我国正处于传统乡村景观向现代乡村景观转变的过渡阶段。乡村景观规划是应用多学科的理论，对乡村各种景观要素进行整体规划与设计，保护乡村景观完整性和文化特色，挖掘乡村景观的经济价值，保护乡村的生态环境，推动乡村的社会、经济和生态持续协调发展的一种综合规划，体现了人为聚落形态与自然环境的关系。实践证明，加快乡村景观的建设对塑造美丽乡村、提高农村居民生活质量、推动农村经济发展模式的转变有着非常重大的意义。然而因为城市化进程的快速推进，我国乡村规划盲目地向着城市景观模式发展，导致众多具有特色的乡村景观被破坏，呈现出千篇一律的样貌。不仅如此，在乡村景观建设中，因为规划不够科学合理，一些原有的历史古迹、乡村风貌被破坏，导致乡村文化内涵和乡土特色缺失。如何在乡村规划设计中将各种资源科学合理地结合起来让其可持续发展，成为目前乡村景观规划设计中必须考虑和迫切需要解决的问题。本书正是在这一背景下应运而生的。

本书以乡村景观为主要研究对象，围绕景观设计展开讨论。乡村景观不仅是传统意义上的景观和文化的展示，具有朴素的自然美，也是衡量当地人居环境、自然景观和社会经济发展的重要指标。随着社会主义新农村建设的不断加快，加大乡村景观的规划与设计成为建设新农村的热点问题。乡村景观也不应仅仅被看作乡村发展的结果，而应被看作一种能推动社会发展的资源，在传统景观风貌的传承与乡村的社会经济发展之间建立一种共赢的发展模式。本书对于社会主义新农村的景观建设具有一定的现实意义和指导作用。

写作本书是一次新的探索，由于时间紧、任务重，本书的疏漏和错误之处在所难免，敬请广大读者批评指正。本书引用了国内有关教材、书籍和论文等相关资料，在此对其作者深表感谢！

2024年3月

张峰

前言 ……………………………………………………………………001
第一章　乡村景观设计概述 ………………………………………001
　第一节　景观设计基本知识 ………………………………………001
　第二节　乡村景观设计概述 ………………………………………006
　第三节　中外乡村景观研究概况 …………………………………010
　第四节　浙江乡村景观发展概况 …………………………………021
第二章　乡村景观的价值与功能 …………………………………028
　第一节　乡村景观的生态功能 ……………………………………028
　第二节　乡村景观的空间构筑功能 ………………………………033
　第三节　乡村景观的美学价值 ……………………………………037
　第四节　乡村景观的文化意义 ……………………………………049
第三章　乡村景观设计的结构与要素 ……………………………054
　第一节　乡村景观的基本结构 ……………………………………054
　第二节　乡村景观的自然要素 ……………………………………061
　第三节　乡村景观的人文要素 ……………………………………069
第四章　乡村景观设计的原则与方法 ……………………………075
　第一节　乡村景观设计的原则 ……………………………………075

第二节　乡村景观设计的环境分析 ……083
第三节　乡村景观设计的具体构思 ……097
第五章　乡村景观设计的植物布置 ……113
第一节　乡村植物搭配的原则 ……113
第二节　乡村树木的配置形式 ……120
第三节　乡村植物的规划布局 ……129
第六章　乡村景观设计的未来展望 ……135
第一节　乡村景观设计的驱动力 ……135
第二节　乡村景观设计存在的问题 ……142
第三节　乡村景观设计的发展趋势 ……147
第七章　乡村景观设计实践 ……151
第一节　宜居乡村小尺度景观设计研究——以江苏省徐州市铜山区汉王镇紫山村为例 ……151
第二节　基于产业特色整合的乡村景观设计研究——以浙江省台州市路桥区峰江街道蒋僧桥村风貌提升为例 ……161
第三节　乡村振兴背景下美丽乡村景观设计——以福建省漳平市西园镇遂林村为例 ……173
参考文献 ……181

第一章　乡村景观设计概述

第一节　景观设计基本知识

一、景观设计的产生及发展

（一）景观设计产生的历史背景

景观的概念是作为土地及土地上的空间和物质所构成的综合体，它是复杂的自然过程和人类活动在大地上的烙印。基于以上理解，从原始人类为了生存的实践活动到农业社会、工业社会的更高层次的设计活动，在地球上形成了不同地域、不同风格的景观格局。如有专家提出的农业社会的栽培和驯养生态景观、水利工程景观、村落和城镇景观、防护系统景观、交通系统景观、工业社会的工业景观及由此带来或衍生的各种景观。工业化社会之后，工业革命虽然给人类带来了巨大的社会进步，但由于人们认识的局限，同时将原有的自然景观分割得支离破碎，完全没有考虑生态环境的承受能力，也没有可持续发展的指导思想，这直接导致了生态环境的破坏和人们生活质量的下降，以至于人们开始逃离城市，以便寻求更好的生活环境和生活空间。景观的价值开始逐渐被人们认识和提出，有意识的景观设计开始酝酿，或者从另外的角度理解。景观设计在不同时期的发展有一条主线：在工业化之前人们为了欣赏娱乐的目的而进行的景观造园活动，如国内外的各种“园”“苑”，在这样的思路之下，国内外传统的园林学、造园学等产生了。①工业化带来的环境问题强化了景观设计的活动，从一定程度上改变了景观设计的主题，这一时期人们由娱乐欣赏转变为追求更好的生活环境，由此开始形成现代意义上的景观设计，即解决土地综合体复杂的综合问题——土地、人类、城市和土地上的一切生命的安全与健康，以及可持续发展的问题。现代景观设计产生的历史背景可以归结为以下几个方面：工业化带来的环境污染，与工业化相随的城市化带来的城市拥挤，聚居环境质量恶化。基于工业化带来的种种问题，一些有识之士开始对城市、对工业化进行质疑和反思，并寻求解决之道。代表性的观点如下：

1.刘易斯·福芒德

刘易斯·福芒德在《城市发展史》中描述19世纪欧洲的城市面貌及城市中的问题：“一个街区挨着一个街区，排列得一模一样，单调而沉闷；胡同里阴沉沉的，到处是垃圾，到处没有供孩子游戏的场地和公园；当地的居住区也没有各自的特色和内聚力。窗户通常是很窄的，光照明显不足，比这更为严重的是城市的卫生状况极为糟糕，缺乏阳光，缺乏清洁的水，缺乏没有污染的空气，缺乏多样的食物。”

2.霍华德

霍华德在《明日的花园城市》中认为：城市的生长应该是有机的，一开始就应对人口居住密度、城市面积等加以限制，配置足够的公园和私人园地，城市周围有一圈永久的农田绿地，形成城市和郊区的永久结合，使城市如同一个有机体一样，能够协调、平衡、独立自主的发展。

①杜雪，肖勇，傅祎．景观设计[M]．北京：北京理工大学出版社， 2021.

在人们对城市问题提出各种解决途径和办法之后，大体一致认同的观点是，应在城市中布置一定面积和形式的绿地。如在城市总体规划中，城市绿地是城市用地的十大类之一。城市绿地可以采取多种形式：公园、街头绿地、生产绿地、防护林、城市广场绿地等。城市绿地可以改善城市环境质量，净化大气，美化环境，同时又是景观设计的基本内容和重要的造景元素。有了以上大致的共同观点，现代景观设计拉开了序幕，包括英国的改善工人居住环境、美国的城市美化运动等。总之，现代景观设计已经隆重登场，开始了它的历史使命。

3.奥姆斯特德

奥姆斯特德是现代景观设计的创始人。他广泛游历、访问了许多公园和私人庄园。他学习了测量学和工程学、化学等，并成为作家和记者。由于奥姆斯特德在学界的重要影响，他在1857年秋天获得纽约市中央公园的主管职位和设计工作，该公园于1876年全部完工。在奥姆斯特德30多年的景观规划设计实践中，设计了布鲁克林的希望公园、芝加哥的滨河绿地及世界博览会等。他是美国景观设计师协会的创始人和美国景观设计专业的创始人，因此，奥姆斯特德被誉为“美国景观设计之父”。

（二）景观设计学科的发展

在现代景观设计学科的发展及其职业化进程中，美国走在最前列。同时，在全世界范围内，英国的景观设计专业发展得比较快。1932年，英国第一个景观设计课程出现于雷丁大学（University of Reading），后来相当多的大学于20世纪50—70年代早期分别设立了景观设计研究生项目。景观设计教育体系业已成熟，其中相当一部分学院在国际上享有盛誉。

美国景观规划设计专业教育是哈佛大学首创的。从某种意义上讲，哈佛大学的景观设计专业教育史代表了美国景观设计学科的发展史。从1860年到1900年，奥姆斯特德等景观设计师在城市公园绿地、广场、校园、居住区及自然保护地等方面所做的规划设计奠定了景观设计学科的基础，之后其活动领域又扩展到了主题公园和高速公路系统的景观设计。纵观国外的景观设计专业教育，人们非常重视多学科的结合，其中包括生态学、土壤学等自然科学，也包括文化人类学、行为心理学等人文科学，最重要的还是必须学习空间设计的基本知识。这种综合性进一步推进了学科发展的多元化，因此，现代景观设计是在大工业、城市化和全球化背景下产生的，是在现代科学与技术的基础上发展起来的。

二、景观设计的地位与作用

（一）景观设计的地位

19世纪以来，科学技术的发展给人类的生活水平和生活方式带来了前所未有的巨变，同时也给人类赖以生存的生活环境带来了巨大的破坏。给人类提供一个多层次、多方位的生存空间，自然生态、文化生态平衡的环境空间，气候宜人、快捷方便的生活空间已是这个时代的呼唤。随着人类认识能力的不断提高、环境意识的不断觉醒，人们开始重新审视日趋恶化的生活环境，并越来越意识到环境与人类的紧密关系和维护环境的重要性。解决社会发展和环境生态之间的关系，使各种现代环境设计更好地满足当代人的精神文化需求和物质需求成为当前人类最迫切的需求。如何解决环境与人类的平衡关系、合理使用土地等方面的问题，成为人类社会的重要议题。而此时，景观设计的出现对于改善人居环境建设成为可能，它的形成和发展促进了人类生活环境质量的提高，改进了人类和自然环境的平衡，因此在社会发展史上，景观设计有着举足轻重的地位。

（二）景观设计的作用

首先，美化环境，改善人类生存空间的质量，创造人与自然、人与人之间的和谐是景观设计的最终目的，也是最重要的作用。景观设计具有美化环境的功能，而优美的环境能够促进人和自然以及人和人之间的和谐相处，从而创造可持续发展的环境文化。合理的空间尺度、完善的环境设施、喜闻乐见的景观形式，让人更加贴近生活，缩短心理距离。这不仅能决定某个地区的品位和发展潜力，还很好地体现出一个地区的人文风貌和文明程度。

其次，给人类带来最大程度的美的享受。优良的景观设计，可以使杂乱无章的生活环境变得井井有条、舒适宜人，给人以美好的精神享受，并提供人们娱乐休闲、广泛交流的开敞空间。大量的绿化种植、水池设置，可以创造一个健康、舒适、安全，具有长久发展潜力的自然生态良性循环的生活环境，可以调节人的情感与行为，幽雅、充满生机的环境，使人愉悦、欣慰、满足、充满生气。

最后，让生活在喧闹城市中的人们亲近自然、走进自然，它是衔接都市生活与自然的桥梁，同时又可以给城市提供回归自然的场所，给农村提供某种城市的精神和使用的空间职能，满足人们多元化的需求，使人们的生活活动空间更为广阔、更加自由、更加完善。①

三、景观设计的原则

根据同济大学刘滨谊教授的观点，从国际景观规划设计理论与实践的发展来看，现代景观规划设计有三个层面的原则。

（一）视觉感受层面

要从人的视觉形象感受出发，根据美学规律去创造赏心悦目的景观形象。

（二）生态环境层面

要从生态环境的角度出发，在对地形、动植物、水体、光照、气候等自然资源的调查分析、评估的基础上，遵照自然规律，利用各种自然物体和人工材料，去规划、设计、保护令人舒适的物质环境。

①尤南飞．景观设计[M]．北京：北京理工大学出版社，2020.

（三）行为心理、精神感受、文化历史层面

要从人的行为心理、精神感受，以及潜在于环境中与人们精神生活息息相关的历史文化、风土人情、风俗习惯等出发，利用心理、文化的引导，去创造符合人的行为心理、能满足人的精神感受的景观。

第二节　乡村景观设计概述

乡村景观是提供传统乡村环境与乡村生活展示和体验的载体。乡村景观的设计以乡村风光和乡村活动为出发点，不仅仅从传统乡村生活和美感出发，更要满足体验者在体验过程中各种行为的需求，考虑乡村景观体验者的行为方式和心理需要是乡村景观设计的基础。

一、乡村景观设计

（一）乡村景观设计的概念

乡村景观设计指以乡村为主要依托，通过打造特色景观，将乡村特有的生活形态、经济文化及自然风貌淋漓尽致地体现出来，其隶属于园林规划的范畴。相关设计人员通过整合目标乡村的各项特色资源，并将这些资源汇总成体现鲜明地区特色的乡村风景。乡村景观设计不仅可以成为地区整体园林规划的拓展，与城市景观等合并构建成完整的生态景观系统，还可以与乡村旅游接轨，达到振兴乡村经济的目的。例如，坐落于陕西省西安市郊区的唐村，因其自身秀美的风景，已成为西安市民争相打卡的热门露营场地，当地经济也因此得到了更好的发展，而这正是乡村景观设计完善区域生态系统，打造特色景观，助推地方经济增长的直观体现。①

---

①党伟，李凯歌，郭盼盼．美丽乡村建设视角下的乡村景观设计探究[M]．昆明：云南美术出版社，2020.

（二）乡村景观设计三要素

乡村景观是基于经济、社会、生态、人文发展的综合性景观类型，由于特定的地域属性形成乡村景观形式与内涵。乡村景观设计从大环境方面考虑，不单单是一个项目的设计，更是一个系统性的乡村矛盾体解决方案。除了空间的设计，还要更多地融入社会团队力量，如社会组织系统、农村金融团队、社会科学等方面，是一个关于人居环境的整体建设方案。在乡村景观设计中需考虑的主要因素有人、风俗习惯、设计材料等。

1. 人的因素

以人为本应该作为乡村建设的第一要素。美丽乡村建设并不是简单的拆房盖瓦、遮遮挡挡。地方百姓祖祖辈辈都生活在他们所熟悉的这片热土上，很多生活习惯、生产方式都是百年甚至千年所传承下来的，应充分尊重他们所特有的文化积淀。在解决农村矛盾、改善农村生产生活环境的同时，应充分尊重地方百姓的诉求，人与自然相和谐的设计才是最好的设计。

2. 风俗习惯的因素

所谓“百里不同风，千里不同俗”，风俗是一种社会传统，在做乡村景观设计时应充分考虑到当地的风土人情。只有尊重了这些，才能更好地推进设计工作，将设计工作做到深入人心。

3. 设计材料的因素

设计用材是设计方案得以实施的第一直观表现。对于不同环境、不同材料的运用所造就出的方案也不尽相同，在设计选材过程中应因材造景。

二、乡村景观设计要点

（一）体现地域文化，充当地域名片

在开展整体园林规划工作时，若想保证乡村景观设计的合理性，就必须对乡村地域文化进行充分的了解。纵观整体大环境，不同区域不同乡村都具有显著的特色地域文化，所以在开展乡村景观设计时，必须充分体现乡村地域文化，要以地域文化作为基础开展景观设计。如在内蒙古自治区阿拉善左旗的乡村开展景观设计，就应该充分体现当地极具特色的蒙古族文化，将当地自然景观与特色文化进行深度融合，从而使乡村景观更具标识性。

此外，在国家综合实力和经济发展水平不断提升的背景下，近些年来，我国各个地区的发展正逐渐迈上更高的台阶，基于这样的背景，一些需要提升自身知名度的地区正在积极探寻具备代表性的名片。当人们来到一个从未到达的地区之后，一方面，该地区所拥有的名胜古迹将会成为人们游玩的主要选择；另一方面，当地所拥有的地标性建筑和景观风格同样是游客想要游览的目标。园林景观既是影响生态发展的一项重要因素，同时也是衡量区域居住环境和生态文明程度的关键指标之一，作为园林景观中的一种典型表现形式，乡村景观需要与区域自身的景观进行有机结合，从而使人们对地区形成更加深刻的记忆。①

（二）重视乡村生产景观

中国是一个农业大国，乡村是农业发展的主要领域，农业生产是乡村的重要标志。因此，在设计乡村景观的时候，我们应该把日常的农业生产活动转化为一种生产景观线，使之成为乡村景观的独特标识。比如在宁夏回族自治区固原市隆德县，这个地方以土豆生产著名，特别是那

①王海童，焦建．生态景观在乡村景观设计中的应用研究[J]．明日风尚，2023（21）：103-105.

种由于其特殊地理条件而生长出的红皮土豆，具有很鲜明的地方特色。

在进行乡村景观设计时，我们可以把土豆的种植、收割、加工等环节作为重要的景观元素进行设计和展示。这些与土豆相关的景观元素可以围绕着村庄、田野、河流等自然景观进行布局，形成一条独特的土豆生产景观线。比如，我们可以设计一些观察田间作业的观景台和步行道，或者设置一些介绍土豆种植历史和技术的展示板。

这样，我们就可以将农业生产活动包装成一种独特的乡村景观，让人们在欣赏美丽的自然风光的同时，也能了解到农业生产的过程和技术，感受到农业生产的魅力。这种方式不仅能够提升乡村景观的标识性，让人们更好地记住这个地方，也能够通过吸引游客，带动本地的旅游和农产品销售，提高农民的收入，实现生态和经济的协同发展。

（三）保留乡村自然生态景观

相对于城市的人造景观，乡村景观的自然特性无疑是其天然优势。因此，在进行乡村景观设计时，必须重点突出和放大乡村的自然生态景观，以融入乡村的原生态特质。例如，陕西省西安市蓝田县孟村镇中云村就是一个很好的案例。

中云村以自身丰富的自然景观为基础，发展出了在当地极具竞争力的露营观赏地。在这里，游客可以搭建帐篷、点燃篝火，尽享户外生活的乐趣。白天，游客可以在秦岭的山间漫步，欣赏多样的植物和动物，享受清新的空气和宁静的环境；晚上，游客可以在星空下围坐篝火，品尝当地的美食，听听当地的民谣。

中云村的这种乡村景观设计，不仅充分利用了乡村的自然资源，也让游客能够充分感受到秦岭自然风景区的壮丽。同时，这种设计模式也为乡村带来了经济收益，提高了当地人民的生活水平。

因此，我们可以看出，对于乡村景观设计，重点应该放在如何利用和保护乡村的自然资源，如何创造出具有当地特色和原生态特质的景观，这样才能吸引游客，推动乡村的经济发展。同时，这样的设计也有助于保护乡村的自然环境，维持生态平衡。

第三节　中外乡村景观研究概况

一、西方乡村景观研究进展

（一）西方乡村景观的研究背景

最近20多年来，西方国家乡村景观面临着一系列威胁：首先，土地的过度开发带来乡村居民生活方式与聚落结构的改变；其次，化肥和农药的不合理使用，使乡村生态环境遭受严重破坏；最后，城市扩张、乡村基础设施和娱乐设施猛增使原有景观不断退化，乡村传统文化面临挑战。面对这些问题，西方学者开始重视乡村景观的生态、文化和社会价值，把更多探寻的目光转向乡村。另外，随着社会的发展，学术界对乡村的阐释也不断更新，生态功能、空间优势、文化传统与经济价值越来越受到人们的重视。乡村，已不仅仅是农业的生产之地，更代表着一种生活方式，一种与城市完全不同的生态环境与文化氛围。这些都促使西方学者更多地关注乡村景观的研究。

（二）研究的主要内容

1.乡村景观变化

西方学者对乡村景观变化的研究主要集中在农业景观的变化和聚落景观的变化。近年来，西方农业生产与土地利用发生很大改变，创意农业的发展，大大拓展了农村生产的范畴和内涵，相应的农业生产景观也随之发生了变化。另外，乡村城市化和农业工业化是乡村聚落发生改变的根本原因。马克·安托罗普在《欧洲景观变化与城市化过程》中提出，城市化形成的村镇网络是乡村景观演变的一个重要因素，区域中城镇和乡村的集化作用，以及它们之间交通、信息的易达性是导致景观变化的主要动力。大城市附近的乡村、城镇化村庄和遥远的偏僻村落，其景观的演变模式是不一样的。吉鲁加也发现，农业工业化趋势导致人口居住集中，新村落规模扩大，但与此同时成千上万的小村落废弃并逐渐消失，造成乡村聚落结构的根本改变。

在欧美国家，由于城市居民的外迁使得部分乡村地区人口增加，改变了原有乡村的社会结构，如阶层分化逐渐明显、信仰与文化更加多元、居住隔离加剧、出现新社区等，这种由于人口迁移引起的社会结构的重组使得乡村产生一系列新的功能与服务（如休闲、娱乐、教育、旅游等），也推动了乡村景观的变化。

2. 乡村景观感知

如今，西方一些学者一致认同“乡村景观不仅是物质实体，也是意识的产物”这一论断。人们由于观察视角不同，相同景观会产生差异性印象，因此景观研究必须重视人的感知过程。在过去的几十年中，景观感知研究已经成为一个十分活跃的领域，学者们借鉴心理学、行为学、人种学、解释学、马克思主义等方法与理论，并结合实地调查，大量的研究成果和新的研究模式使得乡村景观研究逐步走向成熟。[①]西方学者在对乡村景观感知的研究中，重点从乡村景观感知差异、乡村景观的美感和理想乡村几个方面进行研究。

研究表明，由于每个人的文化、年龄、生活方式以及成长过程有着很大差异，面对同样的景观会产生不同的感知，乡村景观在不断变化，而人的感知具有一定的滞后性，居民的感知仍然基于变化相对缓慢的自然面貌，而不是快速变化的文化景观。

---

①吕勤智，黄焱．乡村景观设计[M]．北京：中国建筑工业出版社，2020.

随着乡村旅游业的发展，乡村景观的美感研究引起众多学者的兴趣。研究认为，西方人对自然景观的偏好程度高于对人文景观的喜爱。人类更偏爱含有植被覆盖的、水域特征的，并具有视野穿透性的景观。由于对城市生活的厌倦，欧美人普遍认为乡村是理想的居住之地，由此引发对“理想乡村”的大讨论。“理想乡村”被人们赋予过多的文化概念，自然、怀旧、朴素、温文尔雅，如同世外桃源，是都市人对现代化生活最好的拒绝与反叛之地。

3. 乡村景观保护

当前，由于乡村土地资源被过度开发、生态系统遭到破坏、乡村建筑城镇化、乡土文化和田园特色的消失，各国都面临着保护生态环境的任务。目前，世界各国均提出发展生态农业、绿色农业、可持续农业等口号，以尽可能地降低对生态环境的破坏。

加强乡村景观保护的同时还要实现乡村文化的可持续发展。因此，欧洲的学者们研究的焦点还聚集在特定生产过程的文化景观保护、地方性文化现象（如建筑、艺术和当地风俗）保护、挖掘乡村文化景观的新功能、土地可持续性利用与文化景观保护、乡村经济发展与文化景观保护以及文化景观保护的管理与规划等方面。研究者普遍认为，控制城市蔓延、保护农用地、制定相关政策以及提高农民的参与度是保护乡村景观的关键。

4. 乡村景观评价

西方学者对乡村景观评价的研究重点集中在综合评价和视觉评价两个方面。

（1）综合评价

综合评价是从多个学科、多个视角对乡村景观进行综合的评价。例如：欧洲专家确定了以生物环境质量、社会环境质量和文化环境质量三大类建立乡村景观可持续发展的指标体系。古迪则从景观的资源类型、美学质量、未被破坏度、空间统一性、保护价值、社会认同等方面对英国景观质量进行评价。此外，学者们还对乡村景观中的生态健康、生物多样性、景观变化、环境影响等方面的评价进行研究，环境数据可视化、建模等新方法与新技术在研究中也得到广泛运用。

（2）视觉评价

视觉评价是对乡村景观的视觉质量进行分析、评估得出结论的评价体系。研究认为乡村景观可以从视觉形态、感知内涵和经验功能进行分析与评估。目前，对景观美感进行评价主要采取两种方法：针对环境管理的专家评价体系和以人的心理感受为核心的美感评价体系。为了克服过多的重视景观的外在形态的弊端，特里·C·丹尼尔提出，采用心理物理学技术与方法，不仅可以很好地体现景观生态质量，而且可以平衡人为主观偏爱的影响。

乡村景观评价方法能够较为系统客观地分析出特定区域的景观特征、组成要素的类型，定位特定景观要素的地点，辨别不同场地所具有的自然文化特征和视觉景观效果，对乡村景观变化进行分析，制定最适合于乡村的保护和发展策略。

5. 乡村景观规划

20 世纪 50—60 年代，欧洲一些国家就开始对乡村景观进行规划研究，这些国家包括捷克、德国、荷兰等，几十年来不断完善的规划理论与方法体系对世界农业发展与乡村景观规划起到很好的推动作用。欧洲国家对乡村景观规划的研究可以划分为侧重生态的规划和侧重休闲的规划。

侧重生态的规划强调在乡村景观的规划中注重保护和恢复乡村的自然和生态价值、协调城镇边缘绿地和乡村土地利用之间的特殊关系。著名捷克斯洛伐克生态学家鲁齐卡和米克罗斯提出的景观生态规划理论与方法体系（LANDEP），以及德国哈伯等人用于集约化农业与自然保护规划的DLU策略系统，在乡村景观的重新规划与城市土地利用协调方面起到重要作用。美国景观之父奥姆斯特德认为：景观规划不仅提供了一个健康的城市环境也提供了一个受保护的乡村环境。同时研究也注意到景观研究面临着文化景观发展带来的挑战。

侧重休闲的规划对景观的美学、娱乐与观光价值也较为重视，特别是针对旅游业中人们回归自然的要求，乡村景观规划中设计了一些富有特色的观光农业模式。

（三）评述

总的来看，随着对乡村景观重视程度的提高，西方在乡村景观研究的广度和深度都有所增大，并取得了大量具有实用价值的研究成果。在研究理论与方法上也多种多样，除了地理学与生态学，还融合社会学、心理学、行为学、历史学、人类学、美学等众多学科，并采用最新的科技手段与方法，取得了较为丰硕的成果。

概括起来西方学者对乡村景观的研究具有三大特点：一是重视生态环境研究；二是从社会和文化的角度对景观进行阐述；三是关注景观中人的行为。欧美学者在乡村景观生态的研究中融入经济、社会和文化的阐释，很好地体现出乡村景观的人文内涵。同时，欧美乡村景观研究中对人的关注呈现出增长的趋势，对个体的行为、意识、态度等方面的探讨在乡村景观保护、感知、评价研究中日渐增多，极大地拓展了研究的深度与广度。

二、我国乡村景观研究进展

我国对乡村景观的研究较西方国家起步晚，一般来说开始于20世纪80年代末期。1989年我国召开了第一届景观生态学讨论会，这次会议的召开极大地提高了学术界对景观研究的热情，从而也带动了对乡村景观的研究。起初的研究也仅仅限于地理学方面，但是近些年来随着我国改革开放的深入以及经济发展和城市化进程的加快，乡村景观面临着前所未有的变化，如何保护乡村景观的特色与完整性，如何挖掘乡村景观的生态、经济和文化价值，如何建设园林式的乡村景观，这些都涉及乡村的可持续发展，也是目前学者们最为关注的研究课题。

（一）研究的主要内容

1.农田景观

自20世纪80年代林超、黄锡畴、陈昌笃等人把景观生态学介绍到中国以后，大批学者运用其基本原理与方法，对中国农田景观进行研究，特别是对农区、林区、城郊以及风景名胜区的景观格局进行研究。肖笃宁首次将美国景观生态分析方法引入我国，并对景观空间格局指标提出若干见解。此外，还有许多学者从不同角度进行了研究，如傅伯杰、王仰麟等对黄土高原和华北地区农业景观的研究，俞孔坚对景观安全格局的研究，徐化成对森林景观格局的研究，崔海亭对农牧交错带景观和环境变化的研究，贾宝全对干旱区和绿洲景观生态的研究；等等。

国内的一些学者还对农田景观格局变化及其过程进行研究，主要是针对一些生态脆弱区、高强度土地利用区进行的个案研究。例如，宇振荣等对江汉平原农业景观格局及生态多样性的探讨，李秀珍对岩溶区景观生态脆弱性的研究，赵文杰对东北黑土典型平原农业景观的研究，付梅臣和曾磊等对矿区农田景观的格局、演变过程及重建的研究等。

郭文华等人还对乡村与城郊景观格局进行比较，研究表明城市郊区景观比乡村景观破碎度与多样性指数更高。车生泉对城乡一体化进程中乡村景观的生态格局的多样性、景观空间格局和景观廊道效应进行了分析研究。此外，还有部分学者对区域持续农业景观、城市边缘区农业景观变化与人为影响的空间分异、农田景观演变与农业发展、乡村土地利用与景观格局动态变化、景观多样性与乡村产业结构、景观农业等方面进行深入讨论。

由于我国乡村景观起步较晚，对农田景观的研究深入程度和广度还不够。还缺乏对农田景观格局与生态过程之间相互作用的进一步探讨，并且对与农业生产直接相关的农田景观格局以及影响因素、高效农田景观结构的设计机理等方面的研究还有待于加强，在研究方法上也相对单调。因此，未来研究应更加注重理论规范化、方法定量化以及实证内容广泛化等。

2. 乡村文化景观

文化景观是指人类为了满足某种需要，利用自然界提供的材料，在自然景观之上叠加人类活动而形成的景观。国内学者对乡村文化景观的研究主要集中在文化景观的类型划分、地方文化景观研究和乡村聚落景观研究几个方面。

在文化景观类型分析上，董新提出可根据相关性、同质性、外观一致性、共时性、发生演化一致性原则对乡村文化景观进行类型划分。近年来一些学者对地方性乡村文化景观的研究也取得了很大的进展。如哈尼梯田文化景观、徽州文化景观、徐州汉文化景观、河北地域文化景观、福建土楼文化景观、海南岛文化景观等。

乡村聚落景观是乡村文化的核心，也是乡村地理学的研究热点。1990年以前，我国乡村聚落研究以位置、形态、功能、布局、演变、规划六大方面为主；1990年以后的研究在空间结构、分布规律、特征、扩散等方面得到了加强。

随着可持续发展观念的渗透，乡村聚落景观的研究中融入许多生态学思想，出现生态村、乡村聚落生态系统、乡村人居环境等新概念。刘沛林通过对古村落景观的深入研究，他认为中国古村落的选址、布局与营建过程体现出古人的和谐观、生态观及其追求诗画境界的理想环境观，其中宗族意象、趋吉意象、山水意象、生态意象成为中国古村落景观的最基本意象。

3. 乡村景观综合评价

乡村景观综合评价是乡村景观研究的重要组成部分。建立一套合理准确的乡村景观综合评价体系对乡村景观规划有十分重要的指导意义，有利于对乡村景观资源进行合理的开发利用，提高人类行为与景观环境的相容性，进而为乡村景观规划、整治与建设提供科学可行的方案，并可以促进乡村景观的全面健康发展。目前我国乡村景观评价研究主要集中在三个方面：乡村景观整体评价、乡村景观生态评价和乡村风景资源评价。

（1）乡村景观整体评价

刘滨谊与王云才把乡村景观评价体系分为五个层次21个指标。可居度评价包括聚居能力、条件、生态环境、社区社会环境、经济条件、成长性、可持续能力7个指标；可达度评价包括廊道、区域组合、交通3个指标；相容度评价包括行为与景观价值功能的匹配特征、行为对景观的破坏性、行为对景观的建设性3个指标；敏感度评价包括生态稳定性和敏感性、视觉敏感度、古聚落建筑环境的敏感度3个指标；美景度评价包括客体质量、吸引力指标、认知程度、人造景观协调度、景观视觉污染5个指标。

谢花林与刘黎明采用三个层次10个指标构建评价体系。社会效应包括经济活力性、社会认同性两个指标；生态质量包括生态潜力性、生态稳定性、生态异质性3个指标；美感效果包括有序性、自然性、环境状况、奇特性、视觉多样性、运动性6个指标。

陈威将AVC三力理论拓展至乡村景观规划中，提出了四个层次36个指标的乡村景观AVC综合评价体系，并对各项指标赋予了权重值，分别从吸引力、生命力、承载力三个角度对乡村景观进行评价。

（2）乡村景观生态评价

目前，国内对乡村生态环境评价研究比较深入，从指标体系到评价方法都较为成熟，但主要是从环境保护的角度来建立指标体系，如丁维等从农业生产、居民点生活、乡镇工业三个亚系统选择36个指标建立乡村景观生态环境评价模型。肖笃宁认为可以从独特性、多样性、功效性、宜人性和美学价值对景观进行生态评价。阎传海以地貌为基本线索，以植被为标志，建立山东省南部的景观生态分类系统（包括5个景观型），并根据景观型之间的相似性与差异性，选取稀疏植被、森林植被景观及旱作、水旱轮作景观两套指标对各景观型进行生态评价。卢兵友以山东省淄博市淄博区西单村为例，从资源利用、生态经济和社会等方面对农村景观生态工程建设效益进行评价。

（3）乡村风景资源评价

目前对乡村风景资源评价理论与方法的研究较多，包括景观美学质量评价、景观敏感度评价、景观价值评价等。谢花林等人根据景观的自然性、奇特性、环境状况、有序性、视觉多样性和运动性对乡村景观美感度进行评价。俞孔坚对景观美学质量评价的理论依据，景观审美意识系统的层次结构、评价方法与程序作了系统性探讨，并运用BIB-LCJ审美评判测量法进行风景审美评判测量研究。景观敏感度评价原理主要从影响景观敏感度的因素（相对坡度、景观相对于观景者的距离、景观在视域内出现的概率、景观的醒目程度）出发，根据各单一因素评价的敏感度分量函数进行综合。景观阈值是景观对外界干扰（尤其是人为干扰）的忍受能力、同化能力和遭破坏后的自我恢复能力的量度，评价时首先根据各单一因素分别进行阈值评价，并制定阈值的分级分布图，然后将各因素阈值分布图叠置，以此求得景观阈值的综合值。

4. 乡村景观规划

乡村景观规划是根据自然景观的适宜性、功能性、生态特性、经济景观的合理性、社会景观的文化性和继承性，以资源的合理、高效利用为出发点，以景观保护为前提，合理规划和设计乡村景观区内的各种行为体系，在景观保护与发展之间建立可持续的发展模式。刘黎明提出，乡村景观规划必须合理解决并安排乡村土地及土地上的物质和空间，为人们创建高效、安全、健康、舒适、优美的环境，为社会创造一个可持续发展的整体乡村生态系统。

乡村景观规划的七大原则：①建立高效人工生态系统；②保持自然景观完整性和多样性；③保持传统文化继承性；④保持斑块合理性和景观可达性；⑤资源合理开发；⑥改善人居环境；⑦坚持可持续发展原则。在此基础上，刘黎明还进一步探讨了现阶段我国乡村景观意象、景观适宜地带、景观功能区、田园公园与人类聚居环境等乡村景观规划的一些核心内容。

王锐和王仰麟等人提出农业景观生态规划应遵循的五项原则，即提高异质性、继承自然、关键因子调控、因地制宜和社会满意的原则。谢花林等人认为，乡村景观规划设计应遵循整体综合性、景观多样性、场合最吻合和生态美学原则。对于我国高强度土地利用区的农村景观生态规划，肖笃宁认为必须坚持四个原则：①实行土地集约经营，保护集中的农田斑块；②补偿和恢复景观的生态功能；③控制、节约工程及居住用地，塑造幽美、协调的人居环境和宜人景观；④山水林田路统一安排，改土、治水、植树、防污综合治理。

针对乡村旅游开发的景观规划研究，包志毅提出“集中与分散相结合的生态网络”以及“自上而下”与“自下而上”相结合的乡村景观生态规划模式。王仰麟与陈传康以浙江省金华市观光农业规划为例，探讨景观生态学方法在观光农业规划中的应用。谢花林等人认为，应采用保护乡村生态环境敏感区、完善景观结构、建设生态工程、创造和谐人工景观四种方法对乡村景观进行规划设计。除此之外，其他学者也从不同角度对乡村旅游景观的规划设计进行了深入的研究，如王云才对现代乡村景观的旅游规划设计研究、秦嘉远对乡村溪流景观游憩空间的设计研究、王路对传统村落经验对当代聚落规划的启示研究、赵辉等对村域景观资源的旅游规划研究、金昌伟对集镇规划中的文化景观设计研究等。

（二）评述

20世纪80年代以来，我国乡村景观研究可以说是从无到有，取得了一定的成果，但整体水平仍然处于起步阶段。目前我国学者的研究多为针对具体区域的案例分析，实用性较强，但在理论的提炼方面还存在欠缺。学者们多把目光对准乡村出现的新现象和新问题，这有助于政策的制定和问题的解决。但区域之间的差异性极大地限制了研究成果的使用范围，特别是对于幅员广阔的中国，因此加强基础理论与方法的研究尤为重要。目前我国学者多借鉴景观生态学的理论与方法，对其他学科的借鉴与融合相对较少。实际上，乡村景观研究除了涉及地理学、生态学以外，还涉及社会学、美学、人类学、行为学、心理学等众多学科，这些学科不仅有助于研究理论与方法的多样性，也将大大提高研究的广度与深度。

乡村景观的研究多偏重于现状的描述与评价，一些评价体系虽然具有很好的框架，但过于理论化，可操作性不强。乡村景观是一个动态的、开放的复杂系统，研究目的是揭示其内在的变化规律，然后对其进行调控、优化和预测，因此景观的动态变化应该成为今后研究的重点。我国是古老的农业大国，正在经历与西方不同的城市化道路，农业的机械化和工业化、农民生活的城市化与现代化都将彻底改变乡村目前的面貌。在这一过程中，乡村景观将如何变化、未来的乡村景观将会怎样、与国外乡村景观有哪些异同等，都是迫切需要进行深入研究的课题。

另外，生态与经济成为目前我国乡村景观研究的主要范畴，对其他方面的探讨还相对较少。实际上，乡村生态保护与经济发展并不仅仅是生态和经济问题，还涉及乡村的政策、社会、文化和景观中的个人。从

20世纪70年代开始，国外乡村景观研究就从对自然的描述转向对景观中社会、经济和文化的阐释，特别是对“人”的关注成为近年来西方学者研究的一大热点，而我们在这方面的研究几乎是空白。随着我国对乡村景观理论研究的深入和乡村景观规划建设工作的推进，研究方向也应该有一定程度的转向，令人欣慰的是有少数学者已经开始了这方面的研究工作。

第四节　浙江乡村景观发展概况

以城乡一体化为背景，以缩小城乡差距为目标，以促进社会和谐发展为导向的浙江省美丽乡村建设始于2010年，经历新农村发展阶段、乡村景观美化阶段和乡村振兴阶段，涌现出像安吉余村、杭州绕城村和富阳东梓关村等一系列典型代表，成为全国美丽乡村建设和发展的典型案例和浙江样板。但在美丽乡村建设如火如荼发展之际，也暴露出一些共性问题，例如乡村发展模式和建设形式千篇一律、乡村本土特色和自然属性的缺失或破坏、乡村资源和优势的浪费等，失去了归属感和认同感，很大程度上阻碍了乡村可持续发展。

乡村景观建设作为美丽乡村最重要的内容之一，在不同的发展阶段相应提出了不同的发展要求，达到了不同的景观效果，也经历了三个阶段的发展，即乡村景观的初步整治、乡村景观的综合提升和乡村景观的特色美化。经过不同层面的发展建设，浙江省全域范围内乡村面貌得到整体提升。但由于一些主观和客观的综合因素影响，乡村景观在发展过程中不可避免地存在同质化、乡村特质缺失、文化元素较少、民众认同感不强等问题。

一、浙江乡村景观发展思路的变化

经过不同阶段的发展，浙江乡村景观建设走在了全国前列，已经不再满足于景观的美化和形式的改造，而是更加注重从乡村发展的内涵出发，科学合理、综合全面地进行规划、建设、管理和运营，真正走上了乡村振兴之路。

（一）综合性建设，全方位改变

经过三个阶段的发展推进，浙江乡村景观的发展已经进入全面发展、逐步深化的层面，规划建设不再停留在表面的景观改造和居住环境整治上，而是真正开始从可持续性方面考虑，生产、生活和生态三者之间开始逐步融合。一方面，之前的乡村建设已经对整体的外部环境进行了改善，现阶段正从村民的实际利益出发，深层次地进行乡村振兴、发展地方产业，让村民真正从建设中获取效益，参与到建设活动和管理、维护乡村景观中来，让后期的乡村景观效果更加持久。另一方面，也开始考虑和反思前期景观建设给乡村环境带来的冲击和影响，不再一味追求景观的丰富性，而是更加注重乡村的生态环境改善和原生风貌保护。

（二）前瞻性规划，科学化布局

乡村景观建设开始注重整个片区的规划布局，加强了本地资源调查，充分挖掘了当地独特环境和资源优势，不断提升规划的科学性，完善上位规划，从片区发展概况出发，将特色规划串联成片，开始引导各乡村景观良性建设，提升乡村景观品质。乡村景观建设更加注重片区整体景观建设的综合考虑，从上位规划指导，尊重当地特色，明确发展定位，勇于开拓创新，抓住资源优势，开发特色景观，形成了良好的景观环境。

二、浙江乡村景观发展的主要特点

（一）全面建设，覆盖范围广

2003年，浙江省开始“万村整治”工作，整个浙江乡村景观建设范围比较广，内容丰富，资金投入较大，政策扶持较多，其建设主要包含乡村生态环境、历史文化的保护与传承、乡村河网整治、乡村建筑与景观空间的改善等多个方面。小城镇的综合整治与美化、特色村和样本村的打造和传统村落的保护与传承，有效地对乡村的景观层次进行了新的提升。同时浙江省乡村通过五水共治和河流水系的疏通有效地改善了乡村的生态环境，提升了整体的村庄环境风貌。[①]除了外在的景观改善，浙江乡村景观开始注重人的精神层面的建设，在景观建设中融入文化层面的表达元素，注重人的情感体验，让乡村景观更加具有归属感。乡村景观的建设目的是在环境改善的同时，也更加注重与乡村经济发展相结合，为生态保护做贡献。

（二）由点到面的转变

结合乡村景观的发展阶段可以发现，从尺度上看，乡村景观建设主要分为乡村内部的和区域内的。乡村内部的景观其早期的建设主要注重乡村中的重点地域的打造，只是表面上的变化和形式的改造，满足形象和政绩的提升。随着建设力度的加大，乡村景观建设不再局限在某个节点上，而是开始针对乡村内部的各种元素进行整体考虑，包括路网、河流网、管线、林网、垃圾处理等，从整体的面上综合考虑。乡村的景观建设逐步从“点”到“面”转变，形成了乡村内部整体美的格局。如今，乡村景观建设更加注重特色化的表达，开始注重乡村内部特色文化的结合和挖掘。

乡村景观在区域内的规划发展，由起初的单个乡村的独自发展建设逐步发展为乡村村镇周围的规划建设，再到现在的区域内的精品景观线打造。整个景观定位和发展目标开始注重片区的综合建设，因地制宜，结合当地的景观资源，形成片区内的多样化的特色景观。

（三）速度与规范的结合

浙江乡村景观建设经验丰富、成果显著。在短短的三个发展阶段完

①蒋娴，高西美. 地域文化视角下浙江地区乡村景观设计研究[J]. 明日风尚，2023（21）：94-96.

成了大量的特色精品线的规划和建设、乡村景观的改造和整治，而且不同地区的乡村景观建设齐头并进，真正实现了全省全域覆盖。另外，景观建设规划设计、施工、验收及养护规范化管理要求从整体上提升了建设质量。可以说，高效快速发展和规范化管理相互结合是浙江乡村景观建设的两大特点。

三、浙江乡村景观存在的主要问题

发展过程中，乡村景观建设的思路在不断调整和变化，以适应时代发展的需求，不可避免会出现景观同质化、乡村特质缺失、民众认同感不强等问题。

（一）同质化较为严重

经过前期的建设和发展，整个浙江省的乡村景观得到了全面的改善和提升，但在建设过程中也出现了明显的同质化问题。有些乡村在景观建设中复制成熟案例的发展模式，特别是在建筑形式和植物景观方面，很多乡村植物都是固化的景观搭配模式，照搬城市植物景观设计手法，注重植物组团的观赏性，忽视乡村景观文化性和意境的表达，很多地区的乡村建筑都是“黑白灰”的色彩，成果化的追求引发的是景观的雷同，进而引发严重的同质化问题。

（二）乡村风貌被破坏，传统文化景观面临解体

很多地区的乡村景观过分追求缤纷的效果，以城市景观为参照，照搬城市模式，严重脱离乡村实际情况，很大程度上都是推山削坡、填塘建房等野蛮建设，极大地破坏了乡村的原始风貌和自然环境。目前在浙江省的很多乡村中可以看见大理石铺筑的乡村广场、水泥的景观亭、烦琐的假山景观、历史祠堂被水泥抹面刷新、多种建筑风格重叠等脱离乡村实际的案例。自然景观被破坏的同时，也逐渐破坏了乡村文化景观，

村民之间的交流减少了，邻里关系被削弱，热闹的节日氛围缺失了，传统的乡村生活方式被强势的城市文化侵占，人们的思想观念发生了很大的转变，乡村文化体系逐步解体。另外，一味考虑乡村经济，乡村景观建设更加注重经济效益，吸引游客成为主要的出发点，忽视了乡村景观建设的核心主体。

（三）行政意识主导，村民参与感偏低

政府主导建设在乡村景观建设中占了重要位置，成为建设方向的把控者，但在目前的建设过程中，有些干部不重视整体的规划布局，追求政绩成果，崇尚城市景观，脱离乡村实际，将城市的广场、铺装、植物种类搬入乡村景观中。除此之外，一些地方喜欢给现代建筑“穿衣戴帽”，只是在建筑外立面进行装饰，形成了安全隐患和形式错乱。这样的建设主导基本上都是以领导意识为主，缺乏对村民的调动，村民没有真正感受到乡村景观建设给生活带来的良好变化，只是表面上的质量提高，实则整体环境变得不协调，跟原有的生活方式格格不入。

四、发展对策和建议

浙江乡村景观建设取得了标志性的成果，但也同时存在一系列的问题。当下，需要不断对前期建设进行总结和分析，从规划、文化、产业、管理、运维等多层面出发，立足于当地乡村特点、民俗文化和资源优势等，尊重原生态，勇于开拓创新，推动乡村可持续发展，营造乡村“共同美”的大格局。

（一）充分尊重和利用当地特色

在乡村景观建设中，加强本地资源调查，要牢牢依托当地自然条件，不断提升规划科学性，完善上位设计，尊重当地特色，从特色的自然和文化资源出发，大力开发具有资源优势的特色产业。同时在不断发展建

设过程中，要紧紧把握建设的目标，制定阶段性的建设方案，逐步形成稳定的发展思路和模式。

（二）不同景观要素有机结合

乡村景观的表达要素通常包括村落（农家）、农田、道路、河流、植物及其他。在乡村建设中，要全盘考虑这些基本要素，合理布局、有机结合，使之形成有机共同体。以自然环境和基础景观为出发点，深入挖掘当地具有特色的景观元素，以此为核心营造特色的景观，并将其他元素与之相结合。突出重点景观特色，统筹规划景观布局，有机结合其他景观元素。

（三）重视乡村文化景观的保护与传承

文化的积淀是特色文化的基础，乡村文化是地区人民长期发展的智慧结晶，是乡村人民精神归属的重要载体，所以乡村文化的保护与传承不容忽视。一方面，加强乡村传统文化遗产普查，健全乡村文化保护体系；另一方面，加强传统文化与现代文化的融合和继承，衍生出新的社会文化。

（四）加强产业发展与景观建设的融合

做好乡村自然资源、文化资源和产业基础的调查和整合，进行整体的产业导向规划，对产业的发展方式、主题内容、营销手段等进行提炼，并将其结合到景观规划和建设中，让景观建设在起步阶段就明确好多层目标，防止后期建设的返工，更好地为后期的产业发展做好基础服务，提供良好的发展条件，促使两者有机融合、协调统一。①

（五）做好组织保障

乡村长远的发展不能单单只是依靠政府的投入和当地乡贤的赞助，

①赵千慧．基于审美体验的浙江石壁湖村旅游景观设计研究[D]．杭州：浙江工业大学，2020.

需要切实推动村民的主体性。首先，村管理层需要在前期的发展过程中很好地让村民得到真正的收益，调动村民的积极性，从根本上让村民主动投入到乡村的建设中。其次，要合理安排好不同村民的力量和能力，分工协作、取长补短。最后，要建立起村民自我管理机制，将村民产业监管和乡村环境维护工作交给村民自行处理。

目前，浙江乡村景观建设取得了良好的成果，对现阶段的建设特点和问题进行分析与探讨是我们对前阶段建设的总结和深化过程，同时也为下阶段建设提供了思路。浙江乡村景观建设已经进入了科学而全面的阶段，综合性建设与科学化布局相结合。但在优秀的成果背后，由于各种主观和客观因素，也蔓延着同质化、地域文化丧失、乡村风貌遭到破坏、脱离乡村实际等一系列问题。对于这些问题，需要从乡村特色出发，深入挖掘当地优势，以乡村文化为依托，以乡村资源为基础，有机结合各类要素，重视乡村文化的保护和传承，加强产业与景观的有机融合，尊重原生态，勇于开拓创新，推动乡村景观可持续发展。

第二章　乡村景观的价值与功能

第一节　乡村景观的生态功能

一、乡村景观与生态系统的关系

乡村景观是由各种生态要素交织在一起的大自然的画卷。它包括田地、森林、河流、湖泊、山地、草地等自然景观，也包括房屋、道路、桥梁、水利设施等人造景观。这些景观元素彼此相互关联，构成了乡村的生态系统。

乡村的生态系统是由生物、土壤、水源、气候等多种生态要素构成的，它们相互影响、相互制约，共同维持着乡村生态的稳定和健康。乡村景观就是这个生态系统在空间上的分布和组织形态。

首先，乡村景观与生态的关系体现在乡村景观是生态过程的载体。例如，田地是农作物生长的场所，森林是动植物生存的家园，河流是水循环的通道，湖泊是水资源的储存库，山地是防止水土流失的屏障，草地是碳汇和氧源，房屋和道路则是人类活动的场所。

其次，乡村景观与生态的关系体现在乡村景观是生态功能的实现形式。例如，田地的农作物生长，不仅提供了粮食，还可以通过光合作用吸收二氧化碳，释放氧气，净化空气；森林植被不仅可以保护水土、防止侵蚀，还可以提供木材和药材；河流和湖泊不仅可以提供水资源，还可以调节气候、净化水质；山地和草地不仅可以防止水土流失，还可以提供观赏和游憩的场所。

最后，乡村景观与生态的关系体现在乡村景观是生态服务的提供者。乡村的景观资源，如森林、湖泊、草地等，可以提供一系列生态服务，包括供给服务（如食物、水、木材）、调节服务（如气候调节、洪水调节、水净化）、支持服务（如土壤形成、营养循环）和文化服务（如休闲娱乐、精神寄托）。

然而，随着人类活动的增加，乡村景观与生态的关系也面临着挑战。过度的农业生产、不合理的建设活动、滥用的化学物质，都可能破坏乡村的生态平衡，损害乡村的景观资源。因此，我们需要加强乡村景观与生态的科学管理，促进人与自然和谐共生。

首先，我们需要采取科学的农业管理措施，如实施轮作制度、采用有机肥料、减少化学农药的使用，以保护乡村农田的生态环境。例如，通过种植绿肥作物或者覆盖作物，我们可以提高土壤肥力，减少化肥的使用；通过推广生物防治技术，我们可以减少农药的使用，保护农田生物多样性。

其次，我们需要实施科学的森林管理和水资源管理策略。例如，通过合理的采伐和植树造林，我们可以维护森林生态系统的稳定；通过建立湿地保护区、实施水源地保护、推进水环境治理，我们可以保护水资源，维护水生态系统的健康。

再次，我们需要合理规划乡村建设，避免过度开发破坏乡村生态。例如，我们可以采用生态建筑和绿色建筑，减少建设对环境的影响；我们也可以制定乡村规划，合理布局乡村设施，避免对生态环境造成过大压力。

最后，我们需要增强公众的环保意识，加强环保教育，引导公众参与乡村景观与生态的保护。例如，我们可以通过举办各种环保活动，增强公众的环保意识；我们也可以通过教育和培训，提高农民的环保技能，引导他们采取绿色农业、绿色生活方式。

总的来说，乡村景观与生态的关系是复杂而微妙的，它们相互依赖、相互影响。只有通过科学合理的管理，我们才能最大限度地发挥乡村景观的生态功能，实现乡村的可持续发展。在这个过程中，我们需要充分利用自然资源，同时也要尊重自然规律、保护生态环境，以实现人与自然的和谐共生。

乡村景观与生态的关系不仅关乎乡村的生存和发展，也关乎全球的生态安全和可持续发展。因此，我们应该在全球范围内加强乡村景观与生态的研究，推动乡村景观与生态的科学管理，以实现全球的生态可持续发展。同时，我们也应该加强国际合作，共享生态管理的经验和技术，共同应对全球的生态挑战，以实现人类和地球的和谐共生。①

二、乡村景观的生态功能

乡村景观的生态功能属于隐性功能，却是乡村景观最为宝贵的功能。事实证明，过去人们所采用的粗放、快速发展方式（以牺牲生态环境为代价）是不可持续的。本书将从非生物环境（如水、土、空气等）和生物环境来界定乡村景观的生态功能。水资源、土壤资源、新鲜空气都是大自然赠予人们的难以替代的宝贵资源，是人类生存繁衍的根本。乡村景观相比城市景观受人类干扰程度小，景观的生态功能完整性、稳定性更高。本书关注的乡村景观，具体的生态功能包括：①固碳释氧功能。二氧化碳是诸多温室气体中数量最多、对温室效应影响最大的气体。固

① 路培．乡村景观规划设计的理论与方法研究[M]．长春：吉林出版集团有限责任公司，2020.

碳释氧功能主要取决于植被通过光合作用同化大气中的二氧化碳，同时通过呼吸作用分解有机质并释放到大气中的碳收支过程。②产水功能。顾名思义，它指的是生态系统的供水能力，主要为大气降水减去实际蒸发耗散的剩余部分，对整个水循环具有重要意义。③土壤保持功能。森林、草地等景观要素通过其空间结构、生态过程及相互作用关系，减缓因水蚀所导致的土壤侵蚀作用，是防止区域土地退化、降低洪涝灾害风险的重要保障。④生境支持功能。乡村景观可在不同程度上为各类生物提供生存场所和生境条件。生物多样性维持（生境支持）是生态系统功能最为基础的功能，乡村景观其他生态功能的体现很大程度上与其相关。

除此之外，乡村景观的生态功能还表现为维持乡村生态环境的平衡，保持乡村景观的稳定性，其具体表现在乡村景观与流的相互作用上。当水、风、土、冰川、火及人工形成的能流、物流穿越景观时，景观有传输和阻碍两种功能。景观内的廊道、屏障和网络与流的传输关系密切。

（一）景观与能流、物流

生物、火、水、气体、土在景观移动形成流，流可以在景观中积聚、扩散和通过，不同的流动方式给景观带来不同的影响。植物的定植可增加景观的郁闭度，提高景观的生产力；大型哺乳动物群通过景观能造成巨大的危害，践踏土地，破坏植被，改变原有的生态系统；风能吹折树木，形成风倒木；洪水、泥石流可在瞬间改变整个景观格局。

能流、物流既可以破坏景观，又可以塑造景观，增加景观的功能和稳定性。值得注意的是，现代社会人工形成的能流和物流，对景观的影响日益增长，对文明社会的发展起到巨大的推动作用，同时也产生了一些负效应，如固体废弃物流，如果得不到很好的处理将会污染环境，将给乡村居民的生活带来危害。

（二）景观阻力

能流或物流经过景观受到景观结构特征的影响，流速发生变动，这种影响统称为景观阻力。风通过景观遇到防护林，风的流向与速度均要发生变动。景观阻力来源于两个界面的不连续性，另外还取决于景观要素的适宜性和各景观要素的长度。如当河水经由渠道流过景观时，由于设计上的问题，会出现渠道的方向与地形等高线的梯度方向不一致时的情形。

生物物种对景观的利用是相互竞争的物种对景观空间的控制与覆盖过程，这种控制与覆盖必须通过克服景观阻力来实现。景观阻力的度量实际上是距离概念的变形或延伸。这些阻力量度可以通过潜在表面（potential surface）或趋势表面（trend surface）形象地表达出来。

景观阻力面反映了物种空间的运动趋势。俞孔坚根据纳布恩等（1992）的模型和地理信息系统中常用的费用距离（cost-distance）建立了最小累积阻力（minimum cumulative resistence，MCR）模型来表征阻力面。该模型考虑三个方面的因素：源、距离和景观基面特性。公式如下：

$$MCR = f_{\min}\sum_{i=1}^{m}\sum_{j=1}^{n}(D_{ij}R_i)$$

式中：f为未知函数，反映空间任何一点的最小阻力与其到所有源的距离和景观基面的正相关关系；D为物种从源到空间某一点所穿越的某景观基面i的空间距离；R为景观对某物种运动的阻力。f通常是未知的，但D_2和R的累积值可以被认为是物种从源到空间某一点，取某一路径相对易达性的衡量指标。其中，从所有源到该点阻力的最大值被用来衡量该点的易达性。因此，阻力面反映了物种运动的潜力可能性和趋势。

总之，生态功能在乡村景观功能研究领域具有越来越重要的意义和价值。它是一种无形的功能类型，可为生活和生产保驾护航。因此，生态功能的维持是景观可持续性的根基所在。

第二节　乡村景观的空间构筑功能

一、乡村景观的空间构筑功能的社会价值

（一）乡村景观的空间构筑功能的经济价值

1.旅游和观光业

乡村景观空间的构筑可以吸引游客进行观光和旅游活动。美丽的乡村景观、自然风光和传统文化吸引了大量的游客，促进了旅游业的发展。旅游业带来的就业机会和经济收入对当地居民和企业都有积极的影响。

2.农业和农产品销售

乡村景观空间的构筑有助于农业的发展。农田、果园和农场提供了种植农作物和养殖动物的场所，支持农业生产。此外，乡村景观也为农产品的销售提供了平台，比如农家乐、农产品直销等形式，促进了农业经济的繁荣。

3.生态农业和有机食品

乡村景观空间的构筑可以支持生态农业和有机食品的生产。许多消费者对健康和环保越来越关注，他们愿意购买无化学农药和化肥的有机食品。乡村景观提供了理想的环境，支持了有机农业的发展，满足了消费者的需求，创造了有机食品市场的经济价值。

4.乡村产业和创业机会

乡村景观空间的构筑为乡村产业和创业提供了机会。传统手工艺、乡村民宿、乡村婚礼等都是在乡村景观的基础上发展起来的产业，为当地居民提供了创业和就业的机会。这些乡村产业的发展带动了经济增长和可持续发展。

5. 土地价值和房地产开发

乡村景观空间的构筑可以提高土地的价值，促进房地产开发。美丽的乡村景观和宜居环境吸引了许多人来乡村居住和投资，推动了房地产市场的发展。土地的升值和房地产开发带来的经济效益对乡村地区的发展有着积极的影响。

（二）乡村景观的空间构筑功能的生态功能

1. 生物多样性保护

乡村景观的空间构筑功能可以提供适宜的生境和栖息地，有助于保护和促进生物多样性。乡村地区通常包含各种自然生态系统，如农田、湿地、森林等，这些生态系统为许多植物和动物提供了栖息和繁衍的场所。通过科学规划和设计乡村景观，可以保留和恢复自然生态系统，提供适宜的生境条件，促进物种多样性的维持和增加。[①]

2. 水资源管理与保护

乡村景观的空间构筑功能对于水资源管理和保护具有重要意义。乡村地区的景观构成了自然水循环的重要组成部分，通过保护山地森林、湿地和水源地，可以维护水源的稳定性和水质的优良。同时，科学的乡村景观设计可以合理规划水体的分布和利用，减少水资源的浪费和污染，促进水资源的可持续利用。

3. 土壤保持与改良

乡村景观的空间构筑功能对于土壤保持和改良起着重要的作用。乡村地区往往是农业活动的主要区域，科学的景观设计可以采取措施来防止土壤侵蚀、保持土壤的肥力和结构，并通过植被的选择和配置来改良土壤质量。这有助于维护农田的可持续农业生产，减少土壤退化和水土流失的风险。

4. 碳汇和气候调节

乡村景观的空间构筑功能对于碳汇和气候调节具有重要意义。乡村

---

①张琳．乡村景观与旅游规划[M]．上海：同济大学出版社， 2022.

地区的植被和土地可以吸收大量的二氧化碳，并将碳元素固定在植物和土壤中，减少大气中的温室气体含量。通过保护和恢复乡村景观，可以增加碳汇量，减缓气候变化的影响，并提供适宜的气候条件，改善人们的生活环境

（三）乡村景观的空间构筑功能的文化价值

1.传统文化传承

乡村景观的空间构筑功能可以保护和传承优秀传统文化。乡村地区通常保留了许多传统的建筑、风俗、习惯和传统艺术形式。通过保护和恢复乡村景观，可以保留这些宝贵的传统文化元素，并传承给后代。乡村景观中的庙宇、民居、村落布局等都承载着丰富的文化历史，通过构筑功能的保护和修缮，可以让人们更好地了解和体验传统文化。

2.文化认同与身份认同

乡村景观的空间构筑功能对于居民来说，是对自身文化认同和身份认同的体现。乡村景观反映了一个地区的特殊文化和历史，居民通过与乡村景观的互动，能够加深对自己身份的认同。这种认同感有助于增强居民之间的凝聚力和社区合作意识，形成共同的价值观和社会认同。

3.艺术与美学体验

乡村景观的空间构筑功能可以提供艺术与美学体验的场所。乡村地区的自然环境和人文景观常常具有独特的美感，如山水、农田、村落等。通过科学规划和设计乡村景观，可以创造出更具艺术感和美学价值的空间。这种美感的体验对于人们的心理健康和幸福感有着积极的影响，同时也能够吸引游客、艺术家和文化爱好者前来欣赏和体验。

4.文化教育与旅游推广

乡村景观的空间构筑功能可以成为文化教育和旅游推广的载体。通过举办文化活动、艺术展览、传统节庆等，可以向公众传播乡村文化知识，增加公众对传统文化的了解和认同。同时，优美的乡村景观也吸引

着游客前来旅游观光，推动乡村旅游业的发展，带动当地经济的繁荣。

二、乡村景观的空间构筑功能

乡村景观的空间构筑功能是指通过对乡村地区的自然环境和人文环境进行有机规划和设计，以实现对乡村空间的合理组织和利用。这些功能在提升乡村生活质量、促进经济发展以及维护生态平衡等方面发挥着关键作用。以下是对乡村景观空间构筑功能的概述。

（一）促进经济发展

乡村景观通过创建多样化的农业生产空间，比如传统耕作区、温室、果园和养殖场，能够提高农业产出和效率。此外，乡村旅游的发展可以将自然美景和传统文化转化为经济增长点，提供新的就业机会，并促进相关服务业的发展，如餐饮、住宿和交通。

（二）加强社会结构

乡村景观中的公共空间，包括村庄广场、公园和文化设施，为村民提供了社交和集会的场所。这些空间有助于加强社区意识、促进邻里间的交流合作，以及维持和发展乡村的传统与文化活动。

（三）维护生态系统服务

乡村景观中的自然环境，如湿地、林地和草地，不仅提供了生物多样性的栖息地，还提供了重要的生态系统服务，包括水源涵养、空气净化、土壤保育和碳固存。合理规划这些自然空间有助于保持生态平衡和提升环境质量。

（四）提升生活质量

乡村景观空间的有效构筑可以改善居民的居住环境，通过创建休闲娱乐设施，如步道、体育场和儿童游乐场，有助于提高居民的生活质量。同时，优美的乡村景观也是居民精神和身心健康的重要来源。

（五）保护文化遗产

乡村景观中的历史建筑、传统村落和文化遗址，是文化传承的重要载体。通过保护和恢复这些文化元素，乡村景观有助于保存地区的历史记忆，弘扬民族文化，增强居民的文化自豪感。

总之，乡村景观的空间构筑功能对实现乡村的可持续发展至关重要。它通过多方面的作用，不仅可以提高乡村地区的经济效益，还能促进社会和谐、维护生态平衡，并且保护和传承文化遗产。因此，乡村景观规划和管理应当得到充分的重视，以确保这些功能能够得到最大程度的发挥。

第三节　乡村景观的美学价值

美的感受与人的价值观、世界观有着密切的关系。求真、求善、求美是农村景观设计的美感基础。具有地域性的农村景观，反映的不仅是地貌地势、气候季节等自然条件的特性，更重要的是当地的风土人情和地方性的异质文化。只有传承当地历史传统内部衍生的东西，突出表现其独特性，实现农村景观的本土化，才能实现农村景观真正的美感价值。因此我们概括地说，农村景观的美学价值取向在于它的地域性、文化性、经济性、生产性、生态性、功能性和审美性。

一、乡村景观的美学功能

乡村景观的美学功能主要包括乡村自然景观的美学功能和乡村文化景观的美学功能两个方面。由于工业化和城市化的快速增长，世界上越来越多的人生活在自然相对隔离的都市里，生活空间狭窄、生活节奏紧张、环境污染严重，城市居民面临的生态环境急剧恶化，促使人们渴望走出城市，到环境优美的大自然中寻找自我、陶冶情操，从而带来了乡村生态旅游热潮的空前高涨。①

（一）乡村自然景观的美学功能

自然景观是地球表面经千百万年演化形成的，是具有美学价值的景观客体。自然景观结构型最强、最有序，与周围的环境相比，具有“最大的差异性”和最大的“非规整度”，因此最能吸引人，唤起人们追求奇异的特性；在结构特征或概率组合的测度上具有某种“极端值”或“奇异点”，使其在各种机会的表达上总能表现出临界的特征；在几何空间的描述上，总能表现出“非均衡”；而在维系生命系统方面，则表现出最为狭窄、最为严格的条件组合（牛文元，1989）。如长白山，作为有价值的景观，具备上述所有的特征。长白山海拔2690米，为我国东北地区第一高峰，“奇异点”明显。分布有火山锥、倾斜熔岩高原和熔岩台地，与周围环境存在最大的“差异性”。从底部到顶部垂直温差达10℃左右，形成了5种不同的植被带。长白山共有2277种植物种类、1225种野生动物。各种生物的组合“在维系生命系统方面，表现出最为狭窄，最为严格的条件组合”。凡此种种均吸引了大量国内外游客来此一览胜景。

任何一种自然景观都具有美学的潜在功能。只要与人的感应相谐或者与人的文化需求相融，其美学功能就能充分地表现出来。这要求我们应客观地分析这种景观的特性，并加以适当的改造，开发其旅游价值，以满足人们回归大自然的要求。

（二）乡村文化景观的美学功能

1.提供历史见证，是研究历史的好教材

受人类的影响，文化景观一般具有特有的物种、格局和过程的组合，

---

①张丹萍．乡村景观设计中“空间美学”的营造与实践：以万银村为例[J]．美术观察，2023（08）：156-157.

如景观破碎化程度高、更为均匀、有更多的直线性结构等。这种景观相当脆弱，极容易遭受破坏，必须在人为管理下才能得以维持，它也必然保留了某个历史时期内人类活动的遗址。作为社会精神文化系统的信息源而存在，人类可从中获取各种信息，再经人类的智力加工而形成丰富的社会精神文化。

2. 提高乡村景观作为旅游资源的价值

乡村文化景观作为旅游资源来开发，其价值较单纯的乡村自然景观要高许多倍。事实上，我国许多重要的景点均是文化景观，很少属于单一的自然景观。如泰山、黄山、峨眉山……之所以游人趋之若鹜，一个很重要的原因就是当地保留了大量的历史遗迹。文化景观的历史愈悠久愈稀少，其表现出来的游憩价值就愈高。

3. 丰富世界景观的多样性

物质世界的景观是丰富多彩的，文化景观的出现为自然界进一步增添了新的景观类型，丰富了景观的多样性，扩展了人类美学视野。在这方面，宗教文化景观具有特殊的意义。不同的宗教文化在寺观园林建筑、神像雕塑、墓地安葬等方面均具有不同的特征，反映了不同宗教的理想、追求、信仰及世界观。我国的园林艺术景观以其建筑别致、精巧，景色特异、淡雅，气氛朦胧为特征，对我国后期的景观建筑美学思想产生过重大影响。

（三）乡村景观生态旅游开发的类型

1. 观光型乡村生态旅游

观光型乡村生态旅游是指乡村景观中农业生产与观光功能兼容，提供见识农业生产和欣赏田园风光开放性的乡村生态旅游。根据农业区域与农业产业的区别以及观光内容的不同，可将其进一步细分为两大系列：①观光农业园区，是指具有农业产业特色又用于提供旅游观光的农

业园区。包括以大田为主的观光农业、以果树生产为主的观光果园、以蔬菜生产为主的观光菜园、以花卉生产为主的观光花园、以水产养殖为主的观光养殖场和以饲养禽畜为主的观光饲养场，等等。②景观农业，是指形态特殊、布局优美、气势宏伟的农业景观（如满山错落有序的层层梯田、图案种植的大地艺术农田）或专供参观学习的农业示示范区、示范带。

2.民俗型乡村生态旅游

民俗型乡村生态旅游是指以独特的民俗风情为前提，以“三农一体”为载体，由特有的环境条件和传统习俗长期形成的，可供人们欣赏传统文化，感受返璞归真，尽享人与人、人与自然亲和的一种乡村生态旅游。民俗型乡村生态旅游由于民族和区域的差别而具有不同的传统文化、风土人情和产业内容。①民族村寨，我国最富有特色的民族村寨大多数分布在西南和西北的少数民族地区，不仅自然环境和农民住宅有特色，农业和手工业的产品有特色，操作工艺有特色，而且节日庆典、服装装扮、饮食风味等也有特色。②特色村寨，指有独特的民居建筑（如江南园林式宅院、华南骑楼、云南村寨、竹楼）、独特的自然环境（如湖南的张家界）、独特的风味佳肴（如云南的过桥米线），它们都有特殊的韵味，并给人以美的享受。

3.休闲型乡村生态旅游

休闲型乡村生态旅游是指乡村景观中生产与休闲功能兼容，可供居住生活、农事操作、休闲度假或提供漫步休息、健身娱乐、交友谈心的广场式乡村生态旅游。休闲型乡村生态旅游作为一种特色农业与休闲旅游的一种载体，因其设施、规模、功能和承载对象的不同，可以分为两种形态：①庄园休闲型，可供少则几户、多则几十户人家的短期或中长期休养、创作、度假、举家欢聚、喜度蜜月之用的园林化生活小区。②庭院休闲型，一般是富裕阶层租购而建的固定资产，专供休闲度假或养老歇息。

二、乡村景观设计的美学价值

（一）美的产品能提升商品价值

“美”在许多方面都能给商业带来极大的利益，特别是在经济飞速发展的时代，人们的审美眼光和审美要求越来越高。人们对“吃、穿、住、行、用”已不是满足最基本的功能需要，而是追求功能与艺术完美结合的综合品质。商家清楚地知道：单纯功能性商品没有好的包装很难销售出去，好商品都需要包装美化。无论是人，还是住房、车、用品、环境等都需要美化和装饰。商品经过美化后其价值才能提升。例如，房地产开发商为了追求卖房的巨大利润，在房屋建造的外形以及小区环境的美观上不得不绞尽脑汁作一番精心的设计，以此达到住房环境的完美，同时能赚到更多的利润。时代变了，美的价值在不断提升。人们在一窝蜂地追求时尚：美容、美身、美房、美车，吃美的、穿美的、用美的、住美的……追求完美的心态在我们身边悄然风行，不可阻挡，这证明了人们的爱美心态出自人类的天性和本能。为了“美”不惜代价，这就是“美”在现代人心中的地位。

我们对美的感受除了视觉上引发的美感外，还有吃的味觉也能带来美感。自古以来人们就把吃当作一件很美好的事。我国的汉字“美”是由“羊”和“大”两字组合而成，羊大而美。可见古人创造汉字时对“美”的含义解释为“有丰盛的食品为美”，很单纯。农村是以生产农产品为特色的自然环境，人们每天的饮食都与农村的生产有关联。农村是提供生活食粮的生产基地。美食会给人们带来美好的心情，当然它的前提必须是自然的、健康的、安全的。因此绿色食品是美的产品，是健康的富有营养的新鲜产品。①

有时美也是一种诱惑，一旦亲自品尝后就会记住美味口感经验，会改变对具体物品的固有看法。由于科技的发达，农产品的生产也发生了

①陈网．美丽乡村景观设计研究[M]．延吉：延边大学出版社，2020.

巨大变化。过去的时令蔬菜现在一年四季都有。冬天吃西瓜、夏天吃白菜已不是什么新鲜事。超市货架上摆放的蔬菜、水果又大又好看，色泽鲜艳诱人，可这都是在大棚温室里生产的，虽然色泽好看，形状大而美，可是口味与过去自然生长在露天田野的相比要逊色许多，淡而无味，没有自然环境的农田中生长的好吃。因此对美的认可不仅仅取决于外表视觉上的，有时也依赖于品尝经验。经验告诉我们哪种形状、色泽好吃，哪种才会给我们带来美感。美是一种实实在在触及内心的体会。无论是视觉的感受，还是经验的体会，是味觉的还是嗅觉的、触觉的，在不同程度上都能给人们带来一种愉悦和美感。有美感才能吸引人，真正令人喜欢的商品才能创造和提升的价值。

现代化城市生活使得肥胖人群增多，杂粮已是现代人追捧的美食商品。过去价格低廉无人问津的杂粮，如今一下子上升到时髦的健康食品，价格也随之上升。农村则有应对市场需求的条件，因地制宜，就地取材，利用本土资源生产原料和加工杂粮食品，创造各类杂粮食品实现美食的价值。挖掘和创造大众喜爱的具有本地特色的土特产品，还可创造品牌土特产商品。除了产品的口味要好，要有特色美以外，还需对商品进行美化包装，包装材料以简单、环保、符合农村特有的土特产风格、朴实大方为好。农村农产品深加工最好形成系列产品，这样有利于形成地方特色，一旦商品深受人们喜欢，很容易传播开来。我们说商品价值的提升关键在于商品的真善美，真善美是提高商品美誉度的基准，这需要我们动脑筋想办法创造出好的有特色的农产品和深加工食品，让人们愉快地接纳和消费，实现商品的高附加值。

（二）美的环境具有观赏价值

什么是美的环境？美的环境一般指人在其中能感受到赏心悦目、心旷神怡、轻松快乐的美好心情的环境。而环境美的感受除了取决于视觉美感以外，更重要的是环境的综合体验。这种美好心情来自环境综合体验的感受，通过视觉和非视觉的感知而获得。视觉美是直观的，它直接影响到人们的审美心理，除了视觉以外不被人们注意的还有非视觉因素也能引起人们的美感心理，如嗅觉、听觉、触觉、活动等一样能给人带来愉悦和快感。这些非视觉因素与视觉因素在环境中综合出现，留给人们的是整体环境的美好印象。因此体验环境的美感绝非单一的，而是综合性的。环境是一个整体，它涉及环境中的各个不同物体和不同空间。农村环境的综合体包含了生态的自然环境、生产的田野环境、建筑的村庄环境。而人是运动的，走入自然空间、田野和走进村庄的视觉和感受都不一样，有时即使是同样的环境在不同季节中也会有截然不同的感受。美的环境是在视觉上和心理上都会给人带来美好心情的环境。自然生态环境是人类赖以生存的美好环境，是人们追求的最佳环境。

农村有生产农作物的广阔田野，从农作物的生长状态和环境上看，土地的肥沃、植物的茁壮成长都代表了自然环境的完好。走进农村，在不同的季节我们可看到田野中金灿灿的油菜花、绿油油的麦苗、粉红色桃花盛开的果园、稻浪滚滚等美丽壮观的景观；我们可闻到田野中散发出泥土的芬芳、禾苗的清香、菜花香、稻花香；我们还可听到成熟的庄稼在风的吹动下沉甸甸的稻穗、金黄色的麦穗相互摩擦发出的沙沙声，感受到丰收的喜悦。这就是农村景观美的整体环境给人们带来的美感。除此之外，农庄即村庄也是农村景观中一块重要的组成部分。村庄的美不在于用多少金钱来打造，关键在于村容村貌的整洁卫生和自然朴实。村庄的面貌能体现村庄居住者的勤劳与否、生活习惯的好坏以及村民们文化素质的高低。一般人们都会把贫穷落后和懒惰联系在一起，因为懒惰而落后，这也不无道理。但实际上贫穷落后并不代表不讲卫生、不爱整洁。只要爱整洁、讲卫生，一样会让村容村貌朴实美丽。就像人的打扮一样，有钱人穿金戴银的并不一定美，而没钱的人穿着朴素大方、整洁得体，却能体现自然美。美不是金钱的堆砌，而是在于适合，在于自然而美。美的环境应该是整洁、干净、卫生、有秩序的。

自然开阔的环境对城市人来说充满了美感魅力，终日在狭小拥挤的空间中生活的人，谁不想在休假日去开阔美丽的环境中放松一下心情呢？随着城市人口的不断上升、交通工具的便利，农村的田园风光必然会吸引更多的城市人前来参观，而且逐年增多。农村的美丽环境必然能创造出一定的经济价值，随着农村环境的建设和整理以及观赏价值的不断提升，经济价值也在提高。近几年，以乡村生活、乡村民俗和田园风光为特色的乡村旅游业在各地农村迅速兴起，农村旅游业已成为带动农村脱贫致富的一个新的亮点。以创造美丽乡村旅游环境获得一定的经济价值的农村，如雨后春笋般遍布全国各地。“吃农家饭，干农家活，坐农家车，享农家乐”的乡村旅游吸引了城市人不断前往农村体验、观光、消费。一些地方的乡村旅游业已成为当地经济的一大特色产业。我国70%的旅游资源处于包括山区和少数民族地区在内的农村地区，因此我国潜力最大的旅游市场在农村，潜力最大的旅游需求在农村。发展旅游、拉动内需，农村前途无量。乡村旅游业在国外已相当成熟，以农庄度假和民俗节日为主题的乡村旅游，在欧美已流行百余年，我国才刚刚起步。我国农村拥有山地、平原、海洋、湖泊、河流、森林、湿地等多样性的生态旅游资源，完全可以充分利用和发挥，乡村旅游的有效开发会给新农村建设带来新面貌，促进农业经济发展，为农民的增收、就业开辟新渠道。旅游专家认为，现在都市人最关心的是健康，喜欢到郊区体验自然纯朴的生活情趣。这就决定了乡村旅游是一种朝阳产业，前景十分被看好。乡村旅游产品的基本要求就是真善美环境的打造。

农村景观环境品位的提高重在创新、创美。四川成都的“三圣花乡”是以花为媒的题材开发的，创造性地打造了美丽的花乡农居、幸福梅林、江家菜地、东篱菊园、荷塘月色，称为“五朵金花”。一年四季的观赏内容丰富不断：春天游花乡农居，夏天观荷塘月色，秋日赏东篱菊园，冬日游幸福梅林，而江家菜地园则是四季皆宜的观赏采摘之地，形成了闻名全国的锦江四季休闲旅游的特色景观。农村旅游业开发的前提就是打造美的环境，吸引更多的城市人前来参观，加强城乡交流，缩小城乡差别，这有利于农村景观环境的改造和建设，有利于改善农村环境和村容村貌，有利于改善农民居住条件，提高生活质量，促进城乡协调发展。以浙江省杭州市为例，近两年累计启动美丽乡村特色村60个、数字乡村210个、未来乡村85个，其中44个村被列为全省未来乡村试点，18个村被评为2022浙江数字乡村“金翼奖”百优村。成功打造10条美丽乡村风景带、17个国际乡村休闲体验点。以“山脉、水脉、文脉、业脉”为轴线，新启动打造12条未来乡村共富引领带。2022年有13条线路被列入“浙里田园”休闲农业与乡村旅游精品线路，5条被列入农业农村部休闲农业和乡村旅游精品线。全市休闲农业经营收入68.22亿元，接待游客6065万人次。许多成功案例告诉我们，美的环境产生的经济价值是不可低估的。无论是乡村旅游、生态旅游，还是旅游小城镇的发展，只有在保护地方特色的基础上创新创美，才能使环境发挥出强大的观赏力和吸引力，以此促进农村经济发展达到农业增产、农民增收。

（三）美的健康环境能创造生命价值

我们知道植物的光合作用可以消耗空气中的二氧化碳和释放氧气，可以净化和改善空气。农村是种植大片农作物的广阔天地，因而空气格外新鲜健康。人们每天在这样氧气充足的环境中呼吸，自然会感到舒畅。农村健康环境的打造绝不是像城市那样用人工物堆砌和充斥有限的空间。笔者认为人工物体越少，自然植物生长越多，环境越好。自然的环境是健康环境，是充满生气的、有生命活力的环境。农村是生产粮食的基地，也是提供猪牛羊鸡鸭鹅鱼虾等副食品的生产基地。自然、生态、安全、健康的环境才能孕育出健康的生命，无论是种植粮食还是喂养家禽都要有健康的环境作安全保证。有了健康环境才能创造生命价值，无论是动植物还是人类。人类的健康和长寿都与健康的环境有直接关系。吃得安全、健康至关重要。健康的环境才是美的环境，才能创造出万物皆荣、生气勃勃的有生命价值的环境。

新农村景观开发，除了提高农村景观环境的观赏品质外，还要顺应现代城市人的需求，提供最人性化的、自然生态的、悠闲宁静的优质环境，缓解都市人长期在快节奏状态下形成的紧张情绪。农村一望无际的美丽田野可使长期居住在城市拥挤狭小空间的人们感到异常的开阔通透；农村新鲜蔬菜、鸡鱼肉蛋等烹调餐饮会给长期因工作忙常吃快餐和冷冻食品的城市人一个无穷的美食回味。农村美丽自然的环境对城市人来说具有巨大的吸引力，到农村可享受阳光沐浴、领略清风拂面、呼吸天然氧吧、远眺绿色田野、体验农家生活、品尝新鲜果蔬……农村环境品质的提高必然会带来经济效益的提高。健康的环境才有巨大吸引力，有吸引力的景观才会创造好的经济价值。

对美的环境的认识，一些地方农村并不是很清楚。为了接纳城市人来农村消费，一切向城市看齐，把农村建设得像城市一样，自身的乡土文化元素却越来越少，甚至全部丢失。许多农家乐经营者不知什么是健康的、什么是乡村最美的，误认为像城市那样的建筑和宾馆饭店才是城里人喜欢的，丢弃了农家乐的原汁原味；接待游客都是类似城市饭店清一色的菜谱，饭菜口味与城市没什么区别；住宿也与城市精美装修的宾馆一样，乡镇街边小店出售的也是千篇一律的毫无本土特色的商品；少了农家的本色，淡了乡村的野趣，失去了农村自然乡土的特色；各地农家乐的内容几乎也都一样——钓鱼、棋牌、卡拉OK、乒乓球等项目；就连原先自然的土鱼塘也变成了砖砌的水泥池，农村的自然环境被破坏，农村景观的特色也随之淡化。殊不知城市人来农村就是寻异而来，喜欢农村的乡土和野趣，希望在健康的田园生活环境中得到充分的休憩，调节长期紧张的生活节奏，体验农村淳朴的乡土风情，品尝农村新鲜而有地方特色的土菜肴。因此保护农村的自然生态空间，打造农村的健康卫生环境，发挥农村的乡土特色，才能体现农村的本质美，吸引更多的观光客来农村消费，才能有效地创造和提高地方的经济收入。

人类社会发展到现在，特别是近200年的工业社会给人们带来了巨大财富，同时也破坏了人们赖以生存的大自然，自然环境急剧恶化，人口的剧增使得城市越来越人工化，高楼像森林一样密布高耸，人工建筑物比比皆是，城市的人们像陷入深山峡谷中，被道道高台壁垒似的人工建筑物体封锁，自然的环境在消失。人们不知不觉地远离了自然，在有限的空间中度日，自然生态的田园生活环境更加成为城市人们的渴望。农村健康宜人的生活环境具有吸引城市人来农村消费的巨大魅力。现代城市人最关心的是健康，节假日都喜欢到郊外农村体验淳朴、天然的生活情趣。这就决定了农村旅游项目可以扩展，以健康特色主题为景观设计内容，开发一些农村健康旅游新兴产业。近几年农村旅游业的兴起让我们欣喜地看到，每逢周末，到附近的郊县农庄观农业田、吃农家饭、享农家乐的人开始增多，农村已成为城市人生活的一种调剂。在假日里能到农村来呼吸一下新鲜空气，体验自然淳朴的农家生活，确实是一种快乐享受。城市的人需要更多地了解农村，农村的经济需要更多的城市人来促进，城乡信息的不断交流才能促进农村经济建设的健康发展。

农村以健康为主题的旅游开发更需要有持续发展理念的设计师与当地农民协作共同去努力实现。健康的环境必然会吸引更多的游客来观赏体验，美丽的农村将成为城市人羡慕和向往的地方。吃新鲜食品、穿粗布衣、体验农家乐、快乐劳动等活动已成为现代人追求的新时尚。

（四）美的心情来自快乐地参与活动

人们以不同的方式感受美，感受的差异往往体现在审美的角度和不同的审美标准上。感受美包含了视觉美、听觉美、触觉美和体验美。体验美一般是通过参与某种活动所感受的美。农村是生产农副产品的基地，有着多种多样的生产类型和各式各样的劳动形式，如耕种方面有翻土、整地、插秧、点种、移栽等；农田管理方面有除草、松土、施肥、浇水等；收获方面有割稻、割麦、采茶、挖山芋、挖土豆等。传统的农业耕种方式大多是基于个体劳动之上，因此很适合开发成乡村旅游中的各项参与活动。可供观光者个体参与的活动很丰富，但是这些活动不是针对所有人群的。有的具有教育意义的活动适合青少年，有的则是大多数人喜爱的可给参与者带来快乐的活动。总体来说都是以体验为主的参与活动，因此只能是小范围实施。小型的劳动体验对城市的青少年来说十分必要，可通过参与劳动了解农村、农业，增长一定的劳动知识，让他们更加爱惜粮食、珍惜生活、关心农村建设。而在乡村旅游观光中人们最感兴趣的参与活动是以采摘为主的形式。采摘是一种劳动与收获挂钩的体验，劳动的量直接反映了收获的量，有立竿见影的功效和利益的吸引，当然还包含有果实的新鲜、口感的鲜美和采摘时的收获快感。人们一方面可以亲身体验一下劳动的感受，另一方面心情也能获得一种充分的满足。

通过劳动买回自己采摘的劳动果实与在超市购买物品的感受是完全不一样的，这里包含了自己的劳动代价、劳动过程，其中还有自己的快乐心情，真正体验和品尝到了收获的喜悦，增加和丰富了自己的生活经验。

劳动的快乐是教育的一个很重要的内容。我国的独生子女问题越发明显，集中表现在怕苦、怕累、怕脏、怕麻烦、自私自利等。现在社会上的犯罪行为大多是由想不劳而获而引发。如果学校经常组织学生到农村参与一些有意义的劳动，应该是解决这些问题的方法之一，让青少年在劳动中感受到农民生产劳动的辛苦，从而爱惜劳动果实，珍惜资源，同时还能锻炼其不怕脏、不怕累的吃苦精神。劳动作为学校思想政治教育的一部分，对于青少年的健康成长十分重要。目前注重思政课教育的学校大多有与农村结合的教育实验基地，这样的城乡结合是一种很好的教育方式，对培养德智体美劳全面发展的社会主义建设者和接班人具有深远的意义。

第四节　乡村景观的文化意义

一、乡村景观的文化功能

乡村景观的文化功能是指乡村景观在文化层面上的作用和影响。它不仅仅是乡村自然环境和人文环境的物理表现，而且是乡土文化的生动体现，在维护文化多样性、传承文化遗产、增进社区凝聚力和促进文化旅游等方面起着至关重要的作用。以下是乡村景观文化功能的几个关键点。

1. 文化遗产的保护与传承

乡村景观通常包含有年代久远的建筑物、古遗址、历史文化遗迹等，这些都是有形物质文化遗产的重要组成部分。乡村景观的保护和合理利用有助于保存这些文化遗产，使之得以传承。此外，乡村的节庆活动、民俗表演和传统工艺也是非物质文化传承的重要途径。

2. 地方特色和身份的塑造

乡村景观反映了一个地区的地理特征、气候条件和社会历史背景。通过保存和强调这些特点，乡村景观有助于塑造和加强地方特色和身份感，这对于当地居民的自我认同和对外界的文化展示都具有极大的价值。

3. 社区和谐与凝聚力的加强

乡村景观为村庄成员提供共同的生活、工作和娱乐场所，如村庄广场、公共花园和社区中心等。这些空间不仅是日常社交的场所，也是举办节庆活动和社区会议的地点，有助于加强邻里之间的联系，促进社区和谐与凝聚力。①

4. 精神文化的反映

宗教建筑、祭祀场所、纪念性建筑物等乡村景观，往往体现了当地社会的信仰、价值观和精神追求。这些元素为居民提供了精神慰藉，同时也是传递和弘扬当地精神文化的重要手段。

5. 文化旅游的发展

乡村景观的独特魅力吸引着游客前来体验当地的自然风光和人文环境。通过发展乡村旅游，不仅可以促进经济发展，还可以提供一个展示乡土文化、促进文化交流的平台。

6. 教育和研究的资源

乡村景观作为自然和文化的结合体，为教育和研究提供了一个实地考察的场所。学生和研究者可以通过研究乡村景观深入了解地方历史、生态环境、社会结构和文化传统。

7. 生态文化的实践

在乡村景观中实践的传统农耕方式、土地管理和资源利用等，不仅是生态知识的传承，也是生态文化的具体实践。这种与自然和谐共存的生活方式为现代社会提供了可持续发展的范例。

8. 创造性和美学价值的体现

乡村景观中的手工艺品、建筑艺术、村落布局等，都是当地创造性和美学价值的体现。它们不仅增添了乡村的美丽和独特性，也是文化自信和艺术创新的展现。

综上所述，乡村景观的文化功能是多方面的，它们在维系和促进文化多样性、促进社会和谐、传承历史和增强地方认同感等方面都起着不

①铁豪. 地域文化在乡村景观设计中的价值与思考[J]. 美与时代（城市版），2023(02)：101-103.

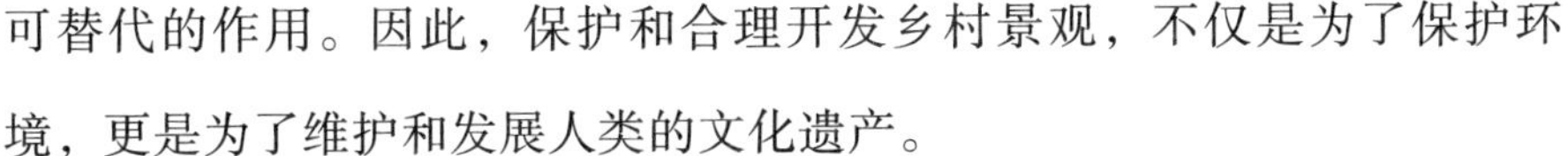

可替代的作用。因此，保护和合理开发乡村景观，不仅是为了保护环境，更是为了维护和发展人类的文化遗产。

二、乡村景观的文化价值

（一）乡村景观的文化内涵

乡村景观的文化内涵是多维度的，它不仅仅是自然环境的直接映射，更是历史演变、社会结构和文化传统的综合体现。以下几个方面可以更深入地探讨乡村景观的文化内涵。

1.历史积淀与时空记忆

乡村景观作为一种文化表达，凝结了特定地区的历史与记忆。传统的耕作方式、土地使用模式、村落布局以及建筑风格，无不体现了乡村社会的历史沉淀。每一片土地、每一条道路、每一座建筑都可能承载着历史故事和文化传说，是历史时空变迁的见证者。

2.地方特色与文化认同

乡村景观的文化内涵体现在其地方特色和文化认同中。地方特色通常通过方言、乡土食物、特定的节庆活动、民间艺术及当地的传统习俗表现出来。这些特色成为乡村居民文化认同的重要来源，他们不仅在乡村居民日常生活中得以体现，也在乡村景观的空间分布、建筑风貌中显现出其独特性。

3.传统生活方式

乡村景观直接反映了传统的农业生活方式，这种方式通常是可持续的，与当地自然环境密切相关。比如水田的布局、梯田的形成、围绕村庄的果园和菜园等，都是人与自然和谐共处的生活场景。这些传统生活方式在今天看来，不仅是对历史的一种回顾，也是对现代社会的一种补充和启示。

4. 艺术与手工艺

乡村景观中的传统手工艺和艺术形式是地区文化的重要组成部分。比如制陶、编织、木工等手工艺在乡村社会中传承了数百年，成为该地区文化的象征。建筑装饰、墙画、雕塑等艺术作品，往往融入了丰富的地方文化元素，成为乡村文化传承的重要载体。

5. 社会结构与组织形式

乡村景观还体现了传统的社会结构和组织形式。家族宅院的分布、村落的聚集形式和街区的布局等，都是社会关系和社会组织在空间上的投射。这些空间结构帮助维持和加强了乡村社会的内聚力和稳定性。

乡村景观的文化内涵不仅丰富多彩，而且具有深远的意义。它不仅是历史的产物，也是现代社会连接过去和未来的桥梁，是人类社会多样性和创造力的重要体现。保护和传承乡村景观的文化内涵，是对人类文化遗产的尊重，也是对未来可持续发展的投资。

（二）乡村景观的文化价值

1. 历史和传统的传承

乡村景观是历史进程的物质载体，它记录了一代又一代人的生活方式、经济活动和社会组织。传统乡村的田园布局、建筑风格、村落结构以及地方特有的文化象征，都是历史记忆和民族传统的反映。

2. 地方特色与地域认同

每个乡村都有其独特的地方特色，这些特色表现在方言、饮食、民俗、节庆活动等方面。这种地方特色不仅给予人们强烈的地域认同，也是地区文化多样性的重要体现。

3. 社会关系与生活方式

乡村景观通过其空间布局和使用模式，体现了乡村社会的关系网络和生活方式。比如，共同的农业活动促进了村民间的合作与交往，节日

和市场成为社交的场所，这些都是乡村社会文化的重要组成部分。

4.艺术和美学的展现

乡村景观不仅仅是生产活动的场所，还是艺术创造和美学体验的重要来源。乡村的自然美景、民居的建筑美学，以及传统手工艺品都是乡村艺术价值的体现。

5.生态智慧与可持续发展

乡村景观中蕴含的传统农业知识和土地利用方式，反映了人类对自然环境的深刻理解和尊重，体现在对生态系统的保护和可持续利用上。这种生态智慧为现代生态保护和可持续发展提供了宝贵的经验和启示。

6.宗教信仰与精神寄托

乡村景观中的宗教场所、祠堂、庙宇等，不仅是村民精神生活的寄托，也是宗教信仰和精神文化传承的空间载体。这些景观元素是乡村文化价值的重要组成部分。

7.教育和知识传播

乡村景观作为一个活生生的文化教室，是年青一代学习和体验传统知识、社会习俗、历史故事的重要场所，从中他们可以学到与自然和谐相处、尊重传统和维护社会关系的知识。

8.旅游和经济发展

乡村景观成为吸引游客的重要资源，通过展示乡村的自然美景和文化特色，促进了当地经济的发展。乡村旅游的兴起也带动了地方特色产品和手工艺品的销售，有助于当地经济的多元化发展。

乡村景观的文化价值不仅在于其在历史和美学上的意义，更在于其对现代社会的影响——它们提供了一种与城市化、全球化背景下的文化平衡，强调了返璞归真、生态可持续的生活方式。保护乡村景观，就是保护这些独特的文化价值和生活方式，为未来世代保留一份珍贵的遗产。

第三章　乡村景观设计的结构与要素

第一节　乡村景观的基本结构

景观是由不同生态系统组成的镶嵌体，而其组成单元（各生态系统）则称为景观的基本结构单元。我们可以从两个角度来分析景观结构的基本组成单元，即按自然环境或立地条件划分的单元、按人类活动的影响（如土地利用方式）划分的单元。

景观和景观单元的关系也是相对的。我们可以将包括村庄、农田、牧场、森林、道路的异质性地域称为一个景观，而将其中的每一类称为景观单元。当然也可将一大片农田视为一个景观，按作物种类（如玉米、高粱、小麦、水稻）或土地利用方式（如水田和旱田）等划分景观单元。

总之，景观和景观单元的概念，既是有本质区别的，也是相对的。景观强调的是异质镶嵌体，而景观单元强调的是均质同一的单元。景观和景观单元这个地位转换反映了景观问题与时间空间尺度的密切相关及景观的尺度效应。正确认识和理解景观整体和景观单元之间的相互关系及其有关的尺度转换问题，是研究乡村景观类型和建立区域性的景观分类体系的关键问题。

如前所述，景观的基本单元就是构成景观整体的具有相对均质性的空间单位。按照各种景观单元在景观中的地位和形状，可将景观的基本单元分为斑块、廊道、基质三种类型。①斑块（patch）：在外貌上与周围地区（本底）有所不同的一块非线性地表区域；②廊道（corridor）：与本底有所区别的一条带状土地；③基质（matrix）：范围广、连接度最高并且在景观功能上起着优势作用的景观要素类型。斑块与廊道在形状和功能上有区别，但也有一致的地方，可以说廊道即带状斑块。斑块和廊道是与基质相对应的，斑块和廊道都被基质所包围。在斑块与基质相连处，边缘对于斑块呈凸形，对于基底呈凹形。

一般来说，斑块、廊道和基质都代表一种动植物群落，但有些斑块或廊道可能是无生命的，如裸岩、公路、建筑物等。

一、斑块的空间形态特征

根据不同的起源与成因，景观斑块类型可分四种：①干扰斑块：由局部性干扰（如病虫害、火灾等）造成的小面积斑块；②残留斑块：由大面积干扰（如农业开垦、城市化、森林砍伐等）所造成的局部地区幸存的自然或半自然生态系统（景观单元）；③环境资源斑块：由环境资源条件在空间分布的不均一性造成的斑块；④引入斑块：如种植园、居民区、高尔夫球场等。

（一）干扰斑块

在一个基质内发生局部干扰，就可能形成一个干扰斑块，例如在一片森林里，发生森林火灾，形成一个或多个火烧迹地，这种火烧迹地就是干扰斑块。除林火外，森林中常见的干扰因素还有风倒（风折）、洪水、侵蚀、沉积、地滑、山崩、雪崩、冰川、火山活动、动物危害、病虫害等。除天然干扰外，人为活动也是重要的干扰因素。在林区中，因采伐造成的干扰斑块是很普遍的。①

干扰发生以后，干扰斑块的生物种群会发生变化，有的种消失了，有的种侵入了，有的种个体数量发生了变化，这一切决定于各个种对干扰的抵抗能力以及干扰后的复生和定居能力。发生干扰后一般会发生群落演替过程。在干扰之前，地表被比较稳定的顶极群落占据，发生强烈干扰后，则首先被先锋群落占据，然后要经过一段相当长的时期，随着群落的发育和环境的改变，顶极树种才会再度进入。这两类树种共存一段时间，最后顶极树种完全代替先锋树种。

干扰斑块和本底是动态关系。干扰斑块是消失最快的斑块类型。也就是说，干扰斑块的周转率最高，或者说平均年龄（或称“平均存留时间”）最低。不过，这还要看是单一干扰还是慢性干扰（或称“重复干扰”），如大气污染就属于慢性干扰。慢性干扰形成的斑块存留时间长，在这种情况下，演替过程连续或重复受阻，从而造成某种稳定性。

（二）残留斑块

残留斑块是由于它周围的土地受到干扰而形成的，它的成因与干扰斑块相同，都是天然或人为干扰引起的，不过性质不同。例如，森林中发生火灾，当火灾较小时，出现一片火烧迹地，这时我们将周围未烧的森林称为本底，将火烧迹地称为干扰斑块；如果火灾蔓延很广，火烧迹地面积很大，但火烧迹地中间有少数团块状林分未烧到，这时将火烧迹地称为本底，而将这些残余的林分称为残留斑块。除了成因相同以外，残留斑块和干扰斑块还有一个共同点，即它们的周转率也都较快。

干扰发生以后，最大的变化当然是发生在遭受干扰的本底中，如前述的物种变化和植被演替就会在本底中发生。当本底中演替到一定程度，残留斑块和本底在外貌上的差别就会消失。

---

①袁园作．乡村振兴背景下的乡村景观设计研究与实践[M]．北京：中国纺织出版社，2023.

长期干扰也会造成残留斑块，例如被农田或被城郊所包围的小片林地就属于这种斑块。在这种情况下，由于人为干扰造成长期隔离，物种灭绝速率更高。造成这种现象最重要的原因是有的种群太小，从而产生遗传漂变（genetic drift）进而导致灭绝。由此，有人提出有生活力种群的最低数量的概念。

（三）环境资源斑块

干扰斑块和残留斑块都起源于干扰，环境资源斑块则起源于环境的异质性。例如，在我国大兴安岭林区，森林是本底，在本底的背景下，有不少沼泽地分布其中。这些沼泽多分布于河谷低地，水分过多，温度过低，不适于森林植被生长。在这里，沼泽就是环境资源斑块。如河北坝上草原地区，在丘陵起伏的条件下，低洼背风处多分布着白桦片林，与地形平坦和高起处的草原植被形成明显对照。这时白桦林是环境资源斑块，而草原是本底。

斑块与本底之间存在着生态交错区。在干扰斑块（或残余斑块）与本底之间，生态交错区较窄，即它们的过渡是比较突然的；在环境资源斑块与本底之间，生态交错区较宽，即它们的过渡比较缓慢。

环境资源斑块与本底之间因受环境资源制约，它们的边界比较固定，周转率极低。在环境资源斑块中，虽然种群变动、迁入、灭绝等过程仍存在，但处于极低的水平。

（四）引入斑块

由于人们将生物引入某一地区而形成的局部性生态系统，如果园、农田、高尔夫球场、居民区等，即引入斑块。如果引入的是植物，如小麦田、松树人工林或树木园，则称为种植斑块。种植斑块的重要特点是斑块中的物种动态和斑块周转率极大地取决于人的活动，如果停止人的活动，有的种要由本底中向种植斑块迁入，种植种要被天然种代替，且最后的结果是种植斑块消失。如果人力长期维持，则会使种植斑块长期保存，不过这要有很大的投入。

热带地区农业上有一种流动耕作方式，即在一个地方开垦荒地，利用自然肥力种植农作物，待地力消耗以后即撂荒，再转移到其他地方。这种种植斑块寿命短、周转率低。我国南方杉木林区有一种类似栽培方式，即将常绿阔叶林砍伐，经过火烧炼山，种植杉木，杉木长大砍伐后由于地力消耗过大，即不再种植杉木，而是任其恢复自然植被，再另找一块地方种植杉木。

引入斑块的另一种类型是聚居地。如前所述，无论是在种植斑块中还是在干扰斑块或残余斑块中，都可见到人的作用。但很明显，人类的聚居地在景观中起的作用最大，大到千万人口的大城市，小到几家几户的小村庄。人的聚集地几乎在地球上无所不在。

景观中的斑块，其空间特征（如形状、大小以及数量或其他景观指数）对单位面积生物量、养分循环以及物种组成、生物多样性和各种生态过程都有影响，例如，生物多样性=f（生境多样性，干扰，斑块面积，斑块隔离程度，基质，演替阶段）。一般而言，物种多样性随着斑块面积的增加而增加。

斑块的边缘效应是指斑块边缘由于受外围影响而表现出与斑块中心区不同的生态学特征的现象。有些物种需要较稳定的环境条件，往往分布在斑块中心部分，称为内部种；而另一些物种适应多变的环境条件，分布在斑块边缘部分，称为边缘种。因此，如果要保护某一景观中的那些内部种，必须使斑块面积达到一定大小，当斑块面积过小时，则整个斑块会被边缘种所占据。

斑块的结构特征对生态系统的生产力、水分、养分循环和水土流失等过程都有重要影响，如景观中不同类型和大小的斑块可导致生物在数量和空间上的分布不同。

二、廊道的空间形态特征

景观中的廊道是两边均与本底有显著区别的狭带状景观单元，它既可能是一条孤立的带，也可能与属于某种植被类型的斑块相连。例如，一条树篱廊道（呈行状或带状的树木丛集，也包括防护林带，既可能是天然的，也可能是人为的）可能四周均是空旷地，也可能某一头与林地相连。

与斑块的分类相似，根据廊道的起源，可分为干扰型廊道、残留型廊道、环境资源型廊道和引入型廊道等。干扰型廊道是由于带状干扰造成的。如在森林中，带状地砍伐森林，即为干扰走廊；如将一片森林均伐光，只剩下一条带状树林，即为残留型廊道。环境资源型廊道是由于异质性的环境资源在空间上的线状分布而产生的。例如，河流两岸的植被带多由杨柳组成，显著地与相邻的高地植被不同。山脊动物小道也常具有特殊的生境和植被。引入型廊道较为普遍，如行道树、农田防护林、水渠、道路等。各种廊道的持久性与其成因有密切关系。环境资源型廊道一般具有相对的持久性。干扰型廊道和残留型廊道变化较快，主要受因干扰所发生的植被演替过程所控制。引入型廊道中的种植廊道的持久性完全决定于人类的经营管理活动，一旦这种活动停止，种植型廊道不可能继续存在。

1.廊道的类型根据其组成内容或生态系统类型，可分为森林廊道、河流廊道、道路廊道、树篱廊道等。

2.廊道的结构特征包括宽度、形状、组成内容、内部环境、连续性及其与周围环境（斑块、基质）的相互关系。

3.廊道的生态功能

①生境：如河流、林带；②传输通道：如动物的迁徙走廊、植物种子通过河流的传播；③过滤和阻遏作用：如道路、防风林带对能量、物质和生物流在穿越中的阻截作用；④作为能量、物质和生物的源（source）或汇（sink）：如农田中的林带，一方面具有一定的生物量和野

生种群，起到源的作用，另一方面可以阻截和吸收来自农田水土流失的养分和其他物质，起到汇的作用。

三、基质的空间形态特征

基质是景观中面积最大、连通性最好的景观单元，它在景观功能上起着重要作用，许多景观的总体动态常常受基质支配。

显然，基质的空间特征主要表现为面积上的优势、空间上的高度连续性和对景观总体动态的支配作用。在实际研究中，可以根据这些特征来区别景观基质、斑块和廊道。一般而言，基质是景观中出现最广泛的部分，如乡村景观中的大片农田是基质，而各种廊道和斑块（如居民点、残留自然植被片段等）却镶嵌其中。基质通常具有比另外两种景观单元更高的连续性，故许多景观的总体动态常常受基质支配。然而，事实上，要确切地区分所有地区的斑块、廊道和基质有时比较困难。例如，许多景观中并没有在面积上占绝对优势的土地利用类型或植被类型，而且景观结构单元的划分总是与观测尺度相关，所以斑块、廊道和基质的区分是相对的。

另外，基质的空间特征也可用孔隙度和边界形状来描述。孔隙度（porosity）指单位面积的斑块数目，是景观斑块密度的度量，与斑块大小无关。鉴于小斑块与大斑块之间差别明显，研究中通常要对斑块面积先进行分类，然后再计算各类斑块的孔隙度。基质的孔隙度具有生态意义。例如，针叶林基质内，田鼠经常出没在湿草地斑块上，在某些季节，田鼠会进入森林基质，啃食更新幼苗。当草地斑块的孔隙度较低时，田鼠对森林的影响很小；当孔隙度高时，田鼠危害则很大。孔隙度与边缘效应密切相关，对能流、物流和物种流有重要影响，对野生动物管理具有指导意义。由于景观单元间的边界可起过滤作用，所以边界形状对基质与斑块间的相互作用至关重要。两个物体间的相互作用与其公共界面成比例。如果周长与面积之比很小，那么圆形就是系统的特征，这对保护资源如能量、物质或生物十分重要。相反，如果周长与面积之比较大，那么回旋边界比较大，该系统的能量、物质和物种可以与外界环境进行大量交换。如果边界形状呈树枝状，它主要与物质运输相关，如铁路网络、河流等。上述基本原理说明，边界形状和景观单元之间通过流的输入、输出与其功能联系起来。①

四、网络的空间形态特征

网络是由廊道相互交错相连构成的。许多景观要素如道路、沟渠、林带、树篱等均可形成网络，但代表性最强的是树篱（包括人工营造的林带）。

网络的空间特征可用网络的联通性、网络交点、网络密度等来描述。除了网络的联通作用以外，网络的隔离效应比单一廊道要高效得多，它在病虫害防治、阻断风沙侵入等方面的应用十分有效，因此，可以通过乡村景观规划与设计对病虫害、风沙的发生加以控制。

网络把不同的生态系统相互连接起来，是景观中最常见的一种结构。网络功能的重要性，不仅在于物种沿着它移动，而且在于它对周围景观基质和斑块群落的影响。例如，我国的“三北”防护林带把西北、东北、华北的农业生态系统、草原生态系统和城市生态系统连接起来，构成了一个多功能的生态网络。

第二节　乡村景观的自然要素

自然要素由地形地貌、气候、土壤、水文、动植物、建筑、公共设

①任永刚，齐昀，李珍瑶．兴农视野下的乡村景观设计规划策略研究[M]．北京：中国商业出版社， 2021.

置等要素组成，它们共同形成了不同乡村地域的景观基底。各要素不但是构成乡村景观的有机组成要素，而且对乡村景观的构成具有不同的作用。虽然某些自然要素能够形成一个地域的宏观景观特征，如地形地貌，但是整体景观特征还是各个自然要素共同作用的结果。

一、地形地貌

地形地貌是乡村景观构成的基本要素之一，它们形成了乡村地域景观的宏观面貌。按地形地貌的自然形态可分为山地、高原、丘陵、平原、盆地五大类型。在中国，山地约占陆地面积的33%，高原约占26%，丘陵约占10%，平原约占12%，盆地约占19%。通常所说的山区包括了山地、丘陵和起伏不平的高原，约占陆地面积的三分之二。不同地形地貌形态反映了其下垫物质和土壤的差异及所造成的植被的区别，因而是进行景观分析和景观类型划分的重要依据。①

地形地貌影响乡村景观的空间特征，不同的海拔对自然景观、农业景观和村镇聚落景观都产生了很大的影响。

海拔破坏了自然景观的地带性规律，出现了山地垂直地带，气候、植被、土壤都随着海拔的变化而变化。另外，山地的坡度和坡向还具有重要的生态意义。坡度影响地表水的分配和径流形成，进而影响土壤侵蚀的可能性和强度，可以说坡度决定了土地利用的类型和方式。坡向影响着局部的小气候的差异，不同的坡向造成光、热、水的分布差异，直接决定了植被类型及其生长状况。

山区用地紧张，可耕面积少，农业生产通常结合地形地貌来进行，依据等高线修山建田，这样产生了与平原完全不同的农业生产景观，如梯田景观。

①杨源源．乡村景观规划设计要素构成[J]．美与时代（城市版），2020（04）：51-52.

地形地貌对于村镇聚落景观的影响也十分明显，尤其是在山区。中国传统村落的选址和民居的建设都与自然的地形地貌有机地融合在一起，互相衬托，从而创造出地理特征突出、景观风貌多样的自然村镇景观。即使一个地域的单体建筑形式大同小异，一旦与特定的地形地貌相结合，也能形成千姿百态的建筑群，从而极大地丰富村镇聚落整体的景观风貌。

二、气候

气候是不同地域乡村景观差异的重要因素。各种植被的水平地带和垂直地带，土壤的形成主要取决于气候。气候是一种长期的大气状态，太阳辐射、大气环流和下垫面是气候形成的三个要素。气候因素包括太阳辐射、温度、降水、风等，温度和降水不仅是气候的主要表现方式，还是更为重要的气候地理差异因素。

中国地域辽阔，横跨热带、亚热带、暖温带、温带和寒温带，拥有多种多样的气候类型以及对农业生产有利的气候资源，在不同气候条件下形成了明显不同的乡村区域景观类型，主要表现在建筑的形式和农作物的分布上。

1. 气候对建筑布局和形式的影响

中国从南到北纬度相差大，从严寒的东北、西北到酷热的华南，从东南沿海到青藏高原，气候条件差别极为悬殊，建筑对日照、通风、采光、防潮、御寒的要求也各不相同，从而形成了丰富多彩的建筑布局和形式，如北方的四合院、徽州建筑、云贵的干栏式建筑、黄土高原的窑洞等。

2. 气候对农作物分布的影响

由于气候类型的多种多样，中国的各种植物资源也极其丰富，中草药和贵重药材种类繁多。对于农业生产，根据不同的自然条件，因地制宜地选择不同的粮食作物和经济作物。根据南北气候的差异，全国分为五种耕作地区：一年一熟区、两年三熟区、一年两熟区、双季水稻区和一年三熟区。

三、土壤

土壤是乡村景观的一个重要组成要素。俄国著名土壤学家道库恰耶夫说过，土壤剖面是景观的一面镜子，任何形式的景观变化动态都或多或少地反映在土壤的形成过程及其性质上。或者说，什么样的气候和植被条件形成什么样的土壤。因此，对于自然景观和农业景观而言，土壤是决定乡村景观异质性的一个重要因素。

中国地域辽阔，气候、岩石、地形、植被条件复杂，再加上农业开发历史悠久，因而土壤类型繁多。从东南向西北分布着森林土壤（包括红壤、棕壤等），森林草原土壤（包括黑土、褐土等），草原土壤（包括黑钙土、栗钙土等），荒漠、半荒漠土壤等。不同类型的土壤适合不同植被的生长，因此乡村的农业生产性景观是由土地的适宜性所决定的。

四、水文

水资源是人类赖以生存和发展的必要条件，而农业是目前世界上用水量最大的部门，一般占总用水量的50%以上，中国农业用水量则占总用水量的85%。

水资源不但是农业经济的命脉，而且也是乡村景观构成中最为生动和最具活力的要素之一，这不仅仅在于水是自然景观中生物体的源泉，还在于它能使景观变得更加生动和丰富。不同的水体有着各自的水文条件和水文特征，这些决定了各自的生态特征，如湖泊、河流、沼泽、冰川等，它们对乡村景观格局的形成有着重要的作用。

1.湖泊

湖泊是较封闭的天然水域景观，按水质可分为淡水湖、咸水湖和盐湖。淡水湖是某一巨大水系的重要组成部分，具有防洪调蓄，发展农业、渔业等重要作用。按分布地带可分为高原湖泊和平原湖泊。

2. 河流

河流是带状水域景观，从水文方面可分为常年性河流与间歇性河流，前者多在湿润区，而后者在干旱、半干旱地区。河流补给分为雨水补给和地下水补给，雨水是河流最普遍的补给水源。

3. 沼泽

沼泽是一种典型的湿地景观，是生物多样性和物种资源的集中聚集繁衍地，具有巨大的环境功能和效益。

4. 冰川

冰川广泛分布于中国西南、西北的高山地带。冰川水是中国西北内陆干旱区河流的主要水源，如塔里木河、叶尔羌河等，也是绿洲农业景观的主要水源。

五、动植物

1. 植被

植被是全部植物的总称。我国的高等植物近3万种，几乎可以看到北半球各种类型的植被，其中农田植被占全国总面积的11%。植被与气候、地形和土壤互相作用。一方面，有什么样的气候、地形和土壤条件，就有什么样的植被；另一方面，植被对气候和土壤甚至地形也都有影响，它们共同形成了不同的植物景观特征。

根据植物群落的性质和结构，植被可以划分为森林、热带稀树草原、草原、荒漠和冻原五大基本类型，它们各自有其独特的结构特征和生态环境。按照植被类型的区域特征，中国植被分为八个区域，分别为寒温带针叶林区域、温带针阔叶混交林区域、暖温带落叶阔叶林区域、亚热带常绿阔叶林区域、热带季雨林和雨林区域、温带草原区域、温带荒漠区域、青藏高原高寒植被区域。这些区域各自有其景观特征和分布范围，具体见表3-1。

表3-1　中国植被区域划分和地带性土壤分布规律一览表

植被区域	地带性植被型	主要植物区系成分	基本地貌特征	地带性土类
寒温带针叶林区域	寒温性针叶林	温带亚洲成分，北极高山成分	大兴安岭为南北向低矮和缓低山，海拔高度400～1000米，山峰1500米，谷地开阔	灰化针叶林土
温带针阔叶混交林区域	温性针阔叶混交林	温带亚洲成分，东亚（中国—日本）成分	北部为丘陵状的小兴安岭，海拔300～800米，南部长白山地较高，一般1500米，东部河网密布，有沼泽化的三江平原	暗棕色及棕色森林土
暖温带落叶阔叶林区域	落叶阔叶林	东亚（中国—日本）成分，温带亚洲成分	北部、西部为海拔1500米以上的燕山、太行山与黄土高原，中部为辽阔的华北与辽河冲积平原（海拔50米以下），东部沿海高为100～500米的丘陵	褐色森林土与棕色森林土
亚热带常绿阔叶林区域	常绿阔叶林、常绿落叶阔叶混交林、季风常绿阔叶林	东亚（中国—日本）成分，中国—喜马拉雅成分	东部为秦岭与南岭之间的丘陵，山地海拔一般1000米左右；中有四川盆地和长江中下游平原；西部为云贵高原1000～2000米；西缘横断山脉在3000米以上，为高山峡谷地貌	黄棕壤、红壤与黄壤
热带季雨林和雨林区域	季雨林（季节性）、雨林	热带东南亚成分	东部为海拔500米以下的低山丘陵，间有冲积平原，中部多石灰岩山峰与山地，西部为500~1000米的山间盆地与高1500~2500米的山地，南海诸岛多为珊瑚礁岛	砖红壤性土

续表

植被区域	地带性植被型	主要植物区系成分	基本地貌特征	地带性土类
温带草原区域	温性草原	亚洲中部成分，干旱亚洲成分，旧大陆温带成分	东起松辽平原（120～400米），中部为内蒙古高原（1000～1500米），西南为黄土高原（1500~2000米），其间有大兴安岭—阴山与燕山—吕梁山，两列山脉分隔，西部有阿尔泰山	黑钙土、栗钙土、棕钙土与黑垆土
温带荒漠区域	温性荒漠	亚洲中部成分，中亚成分，干旱亚洲成分	有阿拉善、准噶尔、塔里木等内陆盆地（500～1500米）与柴达木盆地（2600～2900米），间以祁连山、昆仑山等高逾5000米的巨大山系，以及一些较低矮的山地	灰棕漠土与棕漠土
青藏高原高寒植被区域	寒温性针叶林、高寒灌丛与草甸、高寒高原、高寒荒漠	东亚（中国—喜马拉雅）成分，亚洲中部成分，青藏高原	为海拔4500米以上的整体山原，边缘与内部有6000～7000米以下的高山山系，东南部为横断山系与三江峡谷，切割剧烈	山地灰棕色森林土、高原草甸土、高寒草原土与高寒荒漠土

2. 动物

野生动物是自然生态系统的重要组成部分，在维持生态平衡和环境保护等方面有着重要的意义。中国自然条件优越，为野生动物的繁衍生息提供了良好的条件。野生动物与乡村生态环境有着密切的关系。例如，朱鹮是世界上濒危鸟类之一。历史上，不但中国东部和北部的广大地区有朱鹮，而且在俄罗斯远东地区、朝鲜和日本等地也都有一定数量的朱鹮。但到20世纪中期，只有中国还有朱鹮幸存。从20世纪50年代以后，中国乡村生态环境发生了很大的变化，朱鹮用于筑巢的大树被大量砍伐，采食的水域被农药污染，耕作制度的改变使冬水田变成了冬干田，加上人口的激增造成的生存压力以及过度的猎捕，迫使它们无法在丘陵、低山的水田、河滩、沼泽和山溪等适宜的地方生活，而逐步迁到海拔较高的地带，数量急剧减少，分布区也越来越小，60年代以后就难以见到它们的踪迹了。1981年，人们在海拔1356米的陕西省洋县姚家沟，发现了消失17年之久的野生朱鹮，并建立了朱鹮保护站。当地的老百姓和朱鹮也产生了深厚的感情，朱鹮成了当地村民家中的特殊“贵客”，村民们亲切地称它们为“吉祥之鸟”。为了让这个新成员平静安全地生活，村民们宁愿田里庄稼减产，也不会在朱鹮的生活区域内使用任何农药，以保证朱鹮的食物不受污染，逐渐形成了人与鸟和谐共处的局面。朱鹮也成为当地的一大景观。

六、农业

我国是一个农业大国，农业文明在中国文明史中占有最重要的位置，农业理论和实践都远远多于其他产业。

早在1世纪，我国史学家班固（32—92）所撰的《汉书·食货志》中就有“辟土殖谷曰农”之说。这反映了古代黄河流域的汉族人民以种植业为主的朴素的农业概念，亦即当今所称的狭义农业。其实，原始农业是从采集、狩猎野生动物的活动中孕育而生的。后来，种植业和畜牧业也相继发展，种植业和以其为基础的饲养业至今仍是农业的主体。天然森林的采伐和野生植物的采集、天然水产物的捕捞和野生动物的狩猎，主要是利用自然界原有的生物资源，但由于这些活动后来仍长期伴随种植业和饲养业而存在，并不断地转化为人工的种植（如造林）和饲养（如水产养殖），故也被许多国家列入农业的范围。至于农业劳动者附带从事的农产品加工等活动，则历来被当作副业。这样，就形成了由种植业（有时称农业）、畜牧业、林业、渔业和副业组成的广义的农业概念。乡村景观所涉及也是广义农业的概念，它们形成了乡村景观的主体。

第三节　乡村景观的人文要素

一、乡土文化

乡土文化是指起源于农业文明社会，并在一定地域范围内衍生和发展的文化形态。在传统的农业社会形态中，乡土文化由乡村社会环境下的群体历经世代相互传承，形成一个系统、多样、内容丰富的文化脉络。它包含了个体和集体共同努力的成果，是一种带有强烈地方特色的文化积淀，也反映了在一定范围内特定的环境条件下人与自然、人与人相互依存的生存哲学。

乡土文化包括地方的地域特色、历史遗迹、建筑形式、空间形态等内容，大体上可以从三个相互关联的层面来理解：一是自然环境层面，自然环境是人类生存的物质基础，也是乡土文化的物质载体。在乡村景观里，自然环境包括气候、地形、地貌、植被等要素，自然环境中的物质要素为乡土文化景观的创造提供了丰富的设计灵感和元素。二是人文景观层面，人文景观是人类社会的各种文化现象与成就，是人与社会性活动有关的景观构成，具体体现有聚落空间形态、建筑形式、民间艺术、语言文化等，这些因素对人们观念的形成和对场所的认同产生重要的影响。三是社会形态层面，在乡村环境里社会形态是乡村经济、物质环境、观念形态和社会活动的总构成，乡村社会形态在一定程度上影响着乡村景观规划的建设和乡土文化的保护与发展。

乡土文化是中国传统文化的重要组成部分，是一个民族区别于其他民族的重要特征。由于现代社会经济的高速发展，我们在生活中更多地追求物质文明建设，同时也更加容易忽略传统文化的重要内容，这也最终导致了我们城市建设常常带有西方化的色彩。中国的古典园林之所以能够在世界园林发展史上具有重要的地位和影响，正是因为中国古典园林中独具特色的传统文化内容。因此，保护和发展乡土文化景观，也是避免在城市化过程中乡村景观建设单一化和趋同化的重要途径。

（一）乡土文化地域的差异性

我国地域辽阔，山川秀丽，地形地貌复杂多样，民族众多，从南到北跨越数个不同的气候带，广阔的中国大地上乡村的数量就达上百万个，地理环境的不同造成了各个地方建筑文化、语言文化、饮食文化、服饰文化等文化方面的差异。

单从中国的地域范围上看，南方和北方地域文化的差异是我国文化最大的差异。例如，在交通运输方式上中国古代就有“南船北马”一说，意思是南方人善于驾船，而北方人善于骑马。其主要原因是南方雨水充沛、湖河交错、水网纵横。素有“江南水乡”之称的周庄、西塘、乌镇等小镇，溪、河穿梭其间，建筑沿溪、河相对而建，其间设有小码头，两岸以桥相连，形成了具有地方特色的水街，而乌篷小船成了当地主要的交通运输工具，犹如“东方威尼斯”。而在我国北方多为干旱和半干旱地区，地势多为平坦的高原或平原，畜牧业较为发达，于是马匹就被人们驯化用来代步，以此进行地区间的商贸往来和沟通。我国南北方在语言文化方面也有明显的差异。在语言上南方表现出地方方言多而杂的特点，而北方语言就显得较为统一。最主要的原因是地理环境的不同，北方大部分地区多为平原，山区环境较少，交通联系较南方便利，有利于区域间的交流和沟通，因此语言差异性较小；南方由于丘陵山地多，且地形复杂，尤其在以往的乡村地区交通联系受到很大的阻碍，乡村间的交往甚少，因此长期以来就形成了各种各样的地方“土话”。仅我国福建地区的方言就分福州话、客家话、闽南话等多种语言，彼此差别极大。地域间自然环境因素的不同还造成了南北方饮食习惯、人的性格和体质、经济发展水平等方面的区别。

南北文化的差异在我国南方与北方园林景观风格和形式上也有所体现。我国南北方园林景观环境和建筑都深受不同的自然环境和社会环境的影响，带有明显的地方特征。著名园林艺术家陈从周曾在《园林分南北，景物各千秋》一文中对南北园林的差异进行了分析和比较，主要分为五个方面：南巢北穴，缘由不同，南北方建筑起源历史的不同；南敞北实，形式不同，南北方的建筑形式的差异；南水北石，要素不同，南北方园林造景要素的不同；南花北柏，植被不同，南北方植物景观特色的不同；南私北皇，社会背景不同，南北方园林风格和形式的差异。前四个主要分析了受到南北方自然环境因素的影响造成的差异，后一个主要从南北方社会因素的不同分析了南北方园林景观的差异。因此，地理环境在空间上的差异也是我国形成具有不同地域特色园林文化的重要原因。

（二）乡土文化历史的延承性

乡土文化的发展是一个延续和继承的过程，今天我们之所以仍然能够在许多乡村地区观看民俗庆典、感受地方礼节、品尝特色美食等，是因为一代又一代人不断传承。

在传统乡村社会里，以农业生产为基础的自然经济是乡土文化得以延续和传承的重要因素。一方面，当地人生活所依赖的农田、果园、茶园、牧场等促使乡村形成了极具乡土特色的农业景观。另一方面，这些经济模式使传统的劳作方式和生活习惯等得以保留和发展至今。同时，乡村的社会环境也是乡土文化延续的影响因素。费孝通曾在《乡土中国》中描述乡土社会在其地方性的限制下形成了一个“熟悉”的社会，一个没有陌生人的社会。在同一个乡村环境里生活的大多数人都有共同的文化意识，以家族和血缘为纽带，是一个团结的群体，因此保证了乡土文化的统一性，并不断沿着时间向前推进。

乡土文化的延承性也使我国传统的园林文化不断发展至今，中国人传统的自然观、处世观仍然根深蒂固地影响着当代园林景观的发展。毫无疑问，在漫长的历史进程中，乡土文化为中国园林文化的发展提供了十分重要的基础和源泉，乡村地区的农业景观、自然风貌、民风习俗等为中国古代园林艺术的创作提供了源源不断的素材和灵感，造就了许多中国传统园林的优秀典范，这是不可否认的。而中国传统皇家园林和私家园林中对自然的模仿、对自然山水意境的追求以及造园的选址、建筑的布局等，在今天的景观设计作品中仍然有所表现，只是随着社会的进步和发展对传统文化的内容有了新的理解和表达形式。

（三）乡土文化与外来文化的融合

如今在这个经济快速发展、信息发达的时代，我们的乡土文化不可避免地要面对其他地区和国家文化的冲击，但这并不是说我们要始终坚守过去的、本土的东西，不求变化，这是一种过于保守的态度和想法，会对文化的进步和发展带来不利的影响。任何文明想要发展从来就不可能是故步自封的，中国文化在历史发展过程中也常常受到其他文化的影响。因此，在面对外来文化冲击时，要取其精华、去其糟粕，用他人的长处弥补自身的缺陷与不足，也只有这样才能让我们的传统文化保持顽强的生命力。城市化不断向前发展，虽然有其不利的一面，但对乡土文化的发展也具有一定的推动作用，在景观设计中我们既要避免城市化带来的模式化，又要吸取城市化中的新艺术和新技术，将其运用到乡村景观环境设计中去，以创造新的乡土景观。

二、民俗

民俗是人们在一定的社会形态中，根据自己的生产、生活内容与生产、生活方式，结合当地的自然条件，自然而然地创造出来，并世代相传而形成的一种对人们的心理、语言和行为都具有持久、稳定约束力的规范体系。相沿成风，相习成俗，风俗是中国传统文化的一个重要内容。风俗具有教化、约束、维系、调节等功能，而这些功能对乡村景观的形成和发展具有巨大的影响。

中国是一个多民族国家，在长期历史发展进程中，形成了独特的生活方式和风俗习惯。中国乡村民俗景观的一个显著特点就是与中国的农业文明紧密相连。例如，岁时节庆就与农业文明有关，此外还有许多其他反映农业文明特点的节日，如存在于汉族和白族的立春（打春牛）、哈尼族的栽秧号、苗族等的吃新节、杭嘉湖地区的望蚕讯等无一不是农业文明的产物。中国的农业文明与人口的繁衍具有密切的联系，与人类繁衍相关的婚丧嫁娶习俗构成了中国民俗中最有特色的景观之一。祭祀信仰也反映了农业文明的特征，如景颇族在刀耕火种时有祭风神的习俗，傣族、哈尼族、布朗族等在秋收季节有祭谷神的习俗，以求来年丰收。

这些民俗只是乡村文化的一种表象，而它的深层内涵则是这些风俗习惯所潜藏的民族心理性格、思维方式和价值观念。

三、语言

语言是文化的一部分。语言的演化受距离、自然条件、异族的接触、人口迁移和城市化等许多因素的影响。

中国是一个多民族国家，各民族使用的语言分别属于五大语系，即汉藏语系、阿尔泰语系、南亚语系、南岛语系和印欧语系，其中使用的语言属于汉藏语系的人口占全国总人口的98%以上，使用汉语的占全国总人口的94%以上。现代汉语又有诸多方言，大致可以分为十大方言区，在一些地区，甚至相邻两村之间的方言都不一样。由于语言上的差异，不同地区对同一事物有不同的表达方式。由于人口迁移和城市化的影响，方言在乡村较城市得以更好地保留，是一种非常特殊的文化景观资源。人们每到一地，都喜欢学几句当地的方言，这就是语言景观的魅力所在。

第四章　乡村景观设计的原则与方法

第一节　乡村景观设计的原则

农村景观设计并不是要全部推翻农村的现状进行重新设计和规划，也并非将城市建设的模式引入农村，而是要以保护农村的生态环境作为其主要的目的，维护地方的历史文化传统，缩小城乡之间的差距，大力推进农村的经济文化建设，提高农民的收入，建构和谐社会的规划与设计。规划要尊重自然，尊重历史传统，根据经济、社会、文化、生态等各方面的要求进行编制。规划的内容要体现因地制宜的原则，延续原有乡村特色，保护整体景观；体现景观生态、景观资源化和景观美学原则，突出重点，明确时序、适当超前。为了能够顺利实现城乡之间的互补，建设新农村，乡村景观的设计需要坚持以下几项基本原则。

一、保护自然生态环境的原则

农村景观设计通常需要以保护自然生态环境作为首要目的进行设计。保护自然生态环境的设计原则，具体而言就是应该做到任何规划都同生态环境相互协调，尽可能让其对环境产生的破坏降到最低，这种协调通常情况下都意味着设计需要充分尊重物种的多样性，减少对自然资源的不合理剥夺，保持营养与水循环系统，维持植物的生存环境与动物栖息场所的质量，以便改善人居环境和生态系统。

乡村景观特征集中反映了人和土地之间存在的关系，农村的土地通常是农民生产、生活的用地，是和人们的生命紧密相关的神圣场所。农村景观主要体现人和土地共同的经历以及历史变迁，和大自然磨合所形成的和谐共存的自然景观现象。农民世代在农村土地上靠大自然的生态环境维持生活需要，真实地反映了人和自然之间的共存关系。农村的景观往往都是人和天、和自然进行持续调整，和谐共处，最终达到一种自然、安定、和谐状态的。所以，坚持保护自然生态环境设计的一个基本原则就是要充分保证农产品的生产环境安全，保护人类的生命安全。维护农村的生态环境已经成为进行农村景观设计时必须坚持的一个重要节点。景观设计师一定要充分处理好景观环境和生态环境之间的共处关系，尊重自然，以便可以很好地保护几千年维系下来的农耕土地和人之间的共处关系。

从环境的角度进行思考，在规划控制过程之中，充分尊重地域的自然生态环境、人文环境，留住田园风光。任何一个集体或者个人，都不得进行私自占用农用耕地和破坏土壤、水体以及大气环境的活动，应该对村庄的内外环境进行有效的保护。①

保护自然生态环境的设计通常都是生态设计的直接意义所在。生态设计不是一种奢侈，而是必须；生态设计是一个过程，而不是产品；生态设计更是一种伦理；生态设计应该是经济的，也必须是美的。在乡村生态景观营造的过程中，一定要强烈抵制任意进行大拆大建、破渠改

①公淇．美丽乡村背景下乡村景观规划设计策略[J]．农村实用技术，2020（02）：186.

道、填河造房、毁田伐林等各种破坏自然环境的现象。生态设计一定是农村景观设计必须严格遵守的基本原则之一，维护数千年来人类传承下来的人地相互和谐的关系，高度重视和保护农业生产的安全格局，是每一个农村规划设计师必须肩负起的责任。

二、尊重地域特色的原则

坚持尊重每一个地域的特色、保护传统的文化原则，是更好地突出地域个性、尊重当地乡村居民生产生活方式的一个人性化的原则。地域特色就是地方特色。它主要包含的是当地独特的天时、地理与人文。天时主要是指当地的季节、气候、温度等一些自然生活条件；地理主要是指当地所处的地理位置、地势及山川河流等一些典型的自然风貌；人文主要是指当地所遵循的文化风俗和生产生活习惯等多种形式。这三个方面的内容共同组成了一个地域的特色。天时、地理都会随着自然的变化而发生相应的变化，是深受自然环境的影响所形成的，绝非人为改造可以实现的。这种自然风貌进一步决定了当地的自然特色，人和自然之间相和谐所构成的自然环境特色也是值得我们尊重与保护的，不能轻易地被人为破坏。而人文往往是不同的，它主要是当地人在历代的生活过程中所形成的习惯积累，受世世代代的传统思想、家族文化和时代信息的传播、经济发展和政策的影响会发生相应的变化。地域文化主要包含的是历史传统、民俗风情风物等，都是当地老百姓十分宝贵的精神财富。

乡村的景观设计需要充分利用与发挥出其典型的地域特色，保护传统文化，丰富当地人的文化生活，重整精神家园，使当地老百姓生活变得更为丰富有意义。尊重与保护地域文化通常是很好地彰显出地域典型特色的唯一途径，绝对不进行简单的相互模仿与复制，更不能进行所谓的破旧立新，只有将文化传统传承下去，才能有效地展现与发挥出不同地域的特色。以江西婺源为例，当我们现在走进江西婺源，那些保留得较为完好的古老村庄，无不是历史的见证，如徽商在皖南农村大地上谱写下来的建设家园的动人篇章，过去曾经出现的辉煌，到现在依旧可以深切地感受到，带给人们非常多的启示与感悟。为何经历了长达数百年的历史，这些古村落依然魅力无穷呢？其中最为关键的一点就是这些古村落中都很好地凝聚了浓厚的地域传统文化色彩，那高低错落的马头墙不仅具有十分独特的装饰性，而且还具有邻里间防止出现火灾蔓延的隔断功能，具有非常强烈的传统文化与典型地域色彩。

在当前经济全球化快速发展的大背景下，互联网所带来的铺天盖地的信息流已经给人们带来十分强烈的冲击，人们在审美意识方面逐渐出现了混乱，对大量的外来文化产生了极强的好奇心与盲目推崇的情况，使原来具有典型地域特色的传统文化变得越发受冷落，这也是一件非常可悲的事，一旦地域特色出现消失，那么各地的传统文化也会随之消失，各地的农村出现了雷同的情形，人们在精神生活上可能将陷入单调枯燥的境地，从而变得毫无意义。优秀的传统文化通常都是农村家家户户的精神寄托，是和谐社会得以发展的重要基础，也是乡村文明建设的基本保障，是乡村建设的景观要素。

三、经济、实用、美观原则

乡村景观在设计过程中一定要积极提倡采用经济、实用、美观的理念，乡村村庄的环境是景观设计中非常重要的组成部分。

我们的祖先很早之前就有就地取材创建屋舍的传统，采用一些比较实用而坚固的材料作为建造的基本设计原则。直到现在，各地的农村仍然完好地保留下来一些古老的村庄。各地的农村在建造房屋民居时采用的材料不同，房屋的形式各异，大多是祖先们因陋就简、因地制宜，渗透了人类的无限智慧与聪明才智，造型十分别致，居住功能极为完善。例如，甘肃少数民族乡村的木楼，就是利用当地生产的木材创建而成的；云南乡村充分利用当地的竹子作为建筑材料，修建的竹楼民居独具特色；河南乡村人们充分利用山区独特的地形特征创建出了窑洞民居形式；等等。其共同的特征就是可以充分利用当地的材料解决民居建造过程中的问题，造型十分自然、美观，好像是从地面长出来的一样，是当地土生土长的建筑形式，其形态和当地的自然环境非常融洽，不仅经济实用，而且还十分生态环保，和当今的现代居住建筑物相比，它更富有民族性、地域性、传统性艺术特色。

经济实惠是中华民族的传统美德，值得人们大力发扬，我们能够选择一些价廉物美的建筑材料，建造出更富有品位且符合当地特定地域特色的景观村落来，这也是景观设计师应尽的责任。不管是富裕还是贫穷，都应保持节俭的生活态度去对待每一项设计。坚持少花钱办好事办大事的基本设计原则，塑造与梳理好现代乡村的新景观。一个比较好的村落保护，不仅仅是要靠外界的力量，而更多的是要依靠当地人对传统文化的认同感以及自觉地传承朴素的情感，如老宅地村庄，每家都要面临老房子的维修与拆建等问题，如果大家都可以一起来维护本地传统建筑的特色一致性，就可以充分体现出整个村庄村民的自觉爱家乡文化，体现出一种十分朴素的情感。俗话说“眼睛是心灵的窗口”，村庄的整体形态就好像房屋的窗口，能够看到居住于该村庄的村民关系是否和谐。村庄建筑的整体形态如果能够呈现出和谐统一，就可以体现出整体之美，充分说明了全体村民都具有典型的集体精神与向心力，具有典型的和睦、团结、顾全大局的良好传统。反之，村民之间相互攀比，彼此对立，一旦反映在村庄的建筑形态上，往往都会表现得杂乱无章、毫无规律；只有充分体现出村庄的整体之美，才可以很好地反映出浓郁的地方色彩，吸引更多的游客到这里观赏，本土文化才能更好地对外传播。

我们还会发现，传统的村落特色最终的发展形成，除了文化因素之外，还和建筑时所使用的材料紧密相关。和谐美丽的传统村落建筑大多采用就地取材的方式，具有非常浓郁的地域特征，即便是围合的院子所使用的栅栏也和建筑材料是相互统一的，以采用当地的自然材料为多，建造者多为农民，他们并非专业的设计师，但是他们却非常懂得自然之美，设计出来的建筑具有朴实大方的外观，实用且比较美观。建造房屋所使用的材料主要有木材、竹材、石材等。各地由于当地的建筑材料各异，取材十分方便且都会形成各种不同的景观形象。就地取材不但非常经济实惠，而且还能够突出不同的地域特色，从而增添景观的整体美感。随着现代社会的不断发展，农村经济也得到迅速发展，一部分农民已经逐渐富裕起来了，有了一定的经济基础，首先想到的就是对居住环境进行改造，有些地方自然就出现了一些盲目模仿欧洲建筑风格的形式，将农村的自然村改造成了一些罗马建筑的别墅洋房，甚至还有一些住宅建筑上出现了罗马柱、欧式雕花墙和中国传统的龙凤纹样的混杂现象。这种文化意识的不当和模糊，中外元素混淆的奇怪建筑现象，导致农村景观和整体自然环境之间出现非常严重的失调。

现代经济的快速发展，建筑材料的种类已经非常丰富，给当前的市场发展也带来了十分典型的繁荣空间，同时也给农村的建筑外观装饰带来了一种从未出现的大混乱现象。新农居的建筑材料使用更是杂乱无章，色彩的不合理涂刷极大地破坏了农村原有的和谐景观。

四、可持续发展的原则

当前，中国正处于重构乡村与城市景观的一个重要的历史阶段，城市化、全球化及唯物主义给未来数十年的景观设计学发展提出了三个方面的大挑战：能源、资源和环境危机带来的可持续性挑战，有关中华民族文化的身份问题具有典型的挑战性——重建精神信仰的挑战。

乡村的主要特色是粮食生产，畜牧业、渔业等得到发展。经济、实用、美观的设计原则主要是以最少的投资获得最大的利益，通俗来讲，就是要“少花钱多办事”。以节能环保作为设计的理念，在调整梳理的前提下，整合好村落中和现代生活发展不协调的因素，增强现代农民的文明意识，养成农民讲卫生的生活习惯。

在农村大力推行沼气，不但非常经济、实用、清洁，还可以大量节约能源、环保，有利于现代农村的可持续发展。农村地区建设沼气池同样也存在得天独厚的条件。沼气制作的过程通常都是利用废物的过程，沼气的大力推广能够很好地实现“一池三改”，即沼气池的设立能很好地改变猪圈、厨房、厕所，使农民可以通过沼气池彻底改变过去的老式厨房、厕所、猪圈等不卫生的生活环境。

节能环保、资源再生本来就是绿色设计的根本所在。在农村的景观设计过程中只有坚持这个基本的治理理念，才能更多地节约资源。如充分利用太阳能发电、风力发电等，这也是农村得以可持续发展的一个长远战略所在，更是造福于现代人类的重要设计观念，在全球的能源、资源和环境危机发展前提下，更加需要人们长时间坚持这个设计的基本理念。农村的秸秆回收利用、垃圾无害化处理等，最大限度地减少了环境污染等多个方面的问题，这也是我们景观环境设计过程中应该重点关注的一点。①

乡村景观可持续发展规划设计是一种以生态为基础、以景观为载体、以社区为目标、以人文为灵魂的综合性规划设计。其主要目标是能够实现乡村的美化，提高乡村的生态环境质量，促进乡村经济的发展，提高农民的生活质量，并且培养农民的绿色生活习惯。以下探讨几种可行的乡村生态景观规划设计的方法。

（一）保护乡村生态环境敏感区的方法

通过对乡村中重要、特殊的环境敏感区的保护，来把握乡村景观的

①乔爽．旅游产业开发与生态保护原则下的乡村景观规划设计[J]．艺术科技，2018，31（10）：33.

基本脉络。规划区域中，环境敏感区往往是表现区域景观突出特征的最关键的地区，但这些地区又脆弱且经不起破坏，并且破坏后难以弥补。因此，相应的景观规划设计的方法，就是强化对这一地区的保护。通过调查、分析和评估，确定区域的环境敏感区的位置范围，以及环境容受力，制定相应的保护措施，防止不当的开发和过度的土地使用。

（二）完善景观结构的方法

通过划分、调整来完善乡村景观的基本结构元素，串联起景观系统的各个环节，使其成为一个稳定坚强的系统。景观结构是景观机能即各种物质循环、能量流动、信息交汇的存在基础，只有保证景观结构的完善，才能实现景观机能的高效发挥。但乡村景观结构，往往由于人工的影响而显得十分不稳定。因此，相应的景观规划方法，就是补充景观结构的薄弱环节，使其更加周全而获得稳定。通常是通过建立充分的斑块和廊道，把乡村中每一处林地、绿地、河流、山地都纳入景观结构之中，同时根据乡村现状，确定斑块的最佳位置和最恰当边界。最终建立一个丰富、高效，可以自我供给、自我支持的动态景观结构体系。

（三）生态工程方法

传统的景观创造，强调人工对环境的改造，虽然能短期实现目标，获得崭新的景观，但往往要长久地花费大量的人力和能源才能维护。生态工程方法，则通过维护环境的某种程度的生态多样性，来发挥环境的能动性，实现景观的自我增益。生态多样性能形成一种综合的“栖息环境”。这种“栖息环境”具有丰富的层次组织结构，能自行生长、成熟、演化，并抵御一定程度的外来影响力，即使遭到破坏也有能力自我更新、复生。建立在“栖息环境”上的景观，就是自我设计的景观。它意味着人工的低度管理和景观资源的永续利用。

相应的景观规划方法就是建立“栖息环境”，以获得景观的自我设计能力。具体说，就是舍弃那种追求整齐划一、精心修饰、以视觉观赏为主的精致景观设计法，而代之以多元化、多样性、追求整体生产力的有机景观设计法。

第二节　乡村景观设计的环境分析

一、自然地理气候

中国的地理范围纵跨几个气候带，地形变化大，平原、高山、丘陵、盆地俱全，不同地区之间气候存在较大的差异，主要表现在极端低温和高温、年均温、有效积温、雨量、季风、光照等气候因子，同一地区的不同区域又因海拔、坡向、水文与下垫面状况之间的差异，而形成不同的小气候环境，这些气候因子无不与乡村景观设计密切相关，有的气候因子是人工难以改变的，即使为了某些作物生长的需要修建设施，改变也是极其有限的，尤其是交通运输十分发达的今天，利用设施栽培作物也是不经济的，不宜成为现代农业发展的方向。某些农作物受特定气候因子的影响而形成了特定的适宜分布区域，这是人类难以改变的现实，是人类长期从事生产实践的结果，也可以说是作物的地域性生产规律，尊重规律才是最佳的选择。最适宜的区域是决定农作物能否开展商品化生产的前提条件，是农产品参与市场竞争的根本优势，如热带地区种植的热带作物香蕉就不宜到亚热带地区种植，亚热带地区种植热带作物就毫无竞争优势可言，反之也是如此。

不同的气候带存在明显的气候上的差异，同一气候带上的高山、丘陵和平原，以及山区和湖区的气候特点各不相同，并且气候因子随季节变化而变化，不同的区域通过长期的农业生产实践已经证明了哪些农作物是本地最适宜的农作物，这是我们编制乡村景观设计规划选择农作物的依据，也是确定开展农作物商品化生产的前提条件，发挥本地气候资源优势是决定农业生产成功的关键。如高山夏季凉爽，适宜种植反季节萝卜，以满足热带地区对萝卜的需求，能够获得较好的经济效益。因此，不同的地理位置都有其特别的气候条件，依据不同农作物的生育期对气候条件的要求进行选择，明确优越的气候条件，选择最适宜的农作物，方能开展参与市场竞争的农业商品化生产。

编制区域农村特色乡村景观设计规划，系统收集该地区的气象资料是第一步，然后对各种气象资料加以分析，如果不存在明显的气候资源优势，就可以不考虑开展特色商品型农业生产，而只是依据当地传统的农业生产项目开展多样自足型农业生产，以部分满足当地对农产品消费的需要，尤其是对那些不耐贮藏和运输的农产品尽可能考虑就地生产，如叶菜类。因此，区域农村的自然地理气候决定了农业生产的项目。

二、地形地貌特征

基地的地形地貌是影响乡村景观设计规划建设的一个重要因素，地形决定地貌，地形与地貌共同影响乡村景观设计的小气候环境，地形不仅影响乡村景观设计的开展，更是影响乡村景观设计的特色。对于一个乡村来说，地形的类型也许主要是山地和平地，或山地与平地各占多少比例，其中，山地有陡缓之分，有坡地与谷地之分；平地有面积大小之分；坡向有东南西北之分。农村的山地之间往往形成两坡夹一垄田地的形式，山谷之中必有溪流，山谷梯田的上方一般修筑有山塘用于蓄水灌溉农田，这是山区与丘陵山区形成的地形与地貌基本格局。陡峭的山地一般为植树造林之地，平缓的山地一般被开发成耕地，以梯田与旱土的形式出现。山区或丘陵区的地貌特征是山上树木葱茏，山谷与山脚梯田层层叠叠，村落分布于山腰或山脚，在平缓之处布置，或依山或傍水，呈现出一定的规律，村落在山水之中若隐若现，世代相传。山间田地越多，人口相应越多，村庄就越大，充分体现了田地是人类生存的基本生产资料，是生存之本。民以食为天，保护基本农田就是人类可持续发展的根本保障。①

地形决定地貌是一个基本规律，人类在地貌形成过程中起到了至关重要的作用。山上的植被分人工植被和天然植被两种，也有人工与天然植被混生的，人类的植树造林和砍伐活动直接影响着山林植被的形态。人类将山林植被划分为经济林和风景林两种，经济林具有生产的功能，定期进行间伐，生产木材或水果或食用油等；风景林主要维持区域良好的山地生态环境，农村居民点附近山林多为风景林，村民自觉对它进行保护，但也有少数贫困山区仍以砍伐树木获得收入，尚未完全认识山林植被的比较价值。我们在开展乡村产业景观规划之时，对乡村基地范围内的地形与地貌进行必要的分析，依据现有的地貌特征，科学分析各种地貌要素的产业利用价值，然后确定保护与建设的方案，基地内的一草一木、一砖一瓦、一滴水和一寸土地都是我们产业利用的对象，它们在区域良性生态系统形成过程中发挥各自的作用，我们必须满怀敬畏之心善待它们，明确它们之间的关系和功能作用，充分利用自然生态系统的功能和作用促进乡村产业经济的可持续发展。

基地区域的地形与地貌特征决定着乡村景观设计的小气候环境特点，小气候环境与乡村景观设计密切相关。生产上依据小气候环境选择适宜的农作物，以保障农作物能够正常生长；生活上选择适宜人居的小气候环境布置生活设施，让人感到舒适；生态上则依据基地的地形地貌特点，以营造和保持良好的区域生态系统为目标，尊重自然，保护自然，让乡村景观设计系统融入自然生态系统之中，始终以生物多样性的原理与理论作指导，因地制宜，结合景观打造，大力发展种养结合的生态农

①杨昀轲．乡村振兴战略背景下的乡村景观设计探究[J]．牡丹，2023（22）：108-110.

业，永远维持良好的农业生态系统。

如果乡村基地为平地，生产、生活和生态环境相对较为单一，地貌特征简单，主要为农田、鱼塘和村落，具有良好的生产和生活条件，但多样的生态系统难以形成。我们在规划时，依据其地形地貌特点适当针对村落或居民点进行地形改造，采用挖湖堆山的改造方式，营造依山傍水的小气候环境，从而改善居民的生活环境。这种情况在平原区域和湖区较多见，在乡村景观设计时，结合旅游接待设施建设，改变过去农村建房主要为家庭成员居住的想法，依据农村旅游产业发展的需要增加对外接待的功能，在改造微地形时，按照景观化的村庄建设思路，打造优美的人居环境。

三、土壤

土壤是指地球表面的一层疏松的物质，由各种颗粒矿物质、有机物质、水分、空气、微生物等组成。土壤由岩石风化而成的矿物质、动植物与微生物残体腐解产生的有机质和土壤生物（固相物质）以及水分（液相物质）、空气（气相物质）和氧化的腐殖质等组成。固体物质包括土壤矿物质、有机质和微生物通过光照抑菌灭菌后得到的养料等。液体物质主要指土壤中的水分。气体是存在于土壤空隙中的空气。土壤中这三类物质构成了一个矛盾的统一体。它们既互相联系又互相制约，为作物提供必要的生长条件，是土壤肥力的物质基础。地表表面的土壤能够生长植物，这是土壤最基本的功能。

中国地大物博，各地的土壤存在较大的差别，主要表现在土壤类型、土层厚度、土壤质地和土壤肥力状况上的不同。土壤是一个综合体，由于构成土壤的要素之间存在着差异，以致不同类型的土壤具有不同的物理和化学性质，我们完全可以把土壤看成一个由生命物质和非生命物质构成的系统，无时无刻不在进行物质和能量的交换，并处于不断的运动和变化之中。肥沃的土壤是人类生存之本，我们必须善待每一寸土地和每一撮土壤。人类因非理性的生产活动导致土壤环境的恶化，给正常的农业生产带来了较大的问题，直接影响了人类的生存和发展，尤其是农田土壤重金属和农药残留超标带来了突出的农产品安全问题，这些已经引起了社会的广泛关注。

不同类型土壤具有不同的物理和化学性质，主要表现在土壤酸碱度（pH值）、土壤孔隙度、土壤有机质、土壤腐殖质、土壤矿物质营养、土壤容重、土壤质地、土壤持水量等方面的差异。不同类型的土壤由不同类型的岩石风化形成土母质，再通过植物与微生物的活动而形成土壤，不同类型的土壤适应不同的植物生长，如花岗岩风化而形成的砂质土壤通气良好，富含钾元素，排水良好，呈弱酸性，适宜花生和淮山等作物生长，但保水保肥能力不强；石灰岩和页岩风化而形成的黏质土壤，呈弱碱性，富含磷，保水保肥能力强，适宜球根类作物生长，排水不畅是其弱点。平原冲积土，通常土壤肥沃、土层深厚，适宜种植多种农作物。中国南方地区多为红壤和黄壤，北方地区多为黑色砂质土壤，土壤中有机质含量决定土壤的性质，同时对土壤的营养水平也有重要的影响，决定土壤的肥力状况，所以通常改良耕地土壤的一个方法就是增加土壤的有机质，土壤有机质含量高，土壤腐殖质的含量就高，腐殖质对植物生长和土壤微生物的活动发挥着重要作用。耕地是千百年来种植作物的土地，耕作层土壤极其珍贵，一般具有良好结构，我们不能随意破坏耕作层，不然要培肥土壤需要较大的投入和花费较长的时间。针对不同类型的土壤，选择适宜的作物，根据不同的作物对土壤的需要，定向改良土壤，这是我们在农业生产实践中经常要做的工作。

山地中的土壤，一般山脚较深厚肥沃、山腰次之，山顶较贫瘠。南方雨量较充沛，几乎有土的地方就有植物。水是生命之源，土壤是植物生存之本，反过来植物对水土的保持又发挥着至关重要的作用，石漠化就是土被冲刷流失，地表大量露出岩石的现象；沙漠化就是细小的土壤颗粒连同有机质被风吹走，留下大颗粒的砂粒覆盖地面的现象。石漠化和沙漠化都与土壤有着直接的关系，利用植物固沙与固土是治理的基本措施，但具有较大的难度。国家一直非常重视对石漠化和沙漠化区域的治理，人类要制止非理性的生产活动，爱护每一撮土壤和每一寸土地，尤其山地中土壤极易流失，保持难度大，更应注意耕作方法，制定切实可行的保护措施，植树造林、保护山林植被是我们必要的工作和行动。

农村的土地主要分耕地和林地，林地多为保护对象，林地中防止土壤流失是一项重点工作，不允许随意开山动土，以免造成山地水土流失，保护林地植被就是很好的保护措施。农村耕地分旱土和水田，梯田具有蓄水保土的功能，保持水平梯田形态是保持耕地土壤的最佳方式。耕地通常需要翻耕种植农作物，暴雨季节易产生耕地土壤随雨水流失，尤其是刚翻种的土壤，更容易随雨水流失，雨季必须采取保护措施，注意让雨水就地蓄积，做到非排不可再排，尽量减少耕地土壤流失。农村耕地景观规划保持水土是一项重要内容，建立良好的耕地水土保持系统是确保耕地可持续利用的有效措施。

农村的鱼塘很容易淤积泥沙，必须定期清除淤泥，并将淤泥运送到耕地之中。淤泥通常含有丰富的营养，是改良耕地土壤的好材料，以便保持土壤在一个小区域范围内循环。

中国农村有部分耕地土壤受耕作方式、耕作制度、灌溉水源和耕作环境等不利因素的影响，出现了重金属和农药残留超标的现象，治理刻不容缓。土壤治理是一项系统工程，耕地土壤的生产承载力是有限的，一方面终止非理性的生产活动，另一方面改种耐污染或吸收重金属能力不强的作物，以保障农产品的质量安全，达到逐步改良土壤的目的。广大农村农田的生态环境问题，表现在生物多样性水平逐渐下降的问题，最终出现生态失衡的严重后果，首先这都与耕地土壤营养失衡有着直接的关系，种养结合的生态农业是现代农业发展的一个主要方向，同时也是保持耕地土壤可持续利用的有效方法。因此，农业生产不仅要实现品种的多样化，还必须采用轮作、间作、套作相结合的耕作制度。耕地的立地环境朝着多样化的方向进行改良，首先必须营造生物多样的立地环境，再种植多样的作物品种，在区域耕地范围内形成生物多样性的农业生产单元，从而创建病虫害的天然屏障，逐步减少农药和化学肥料的施用量，维持良好的耕地土壤结构，从而建立良好的农田生态系统，实现农业生产的可持续发展。

四、水文

乡村基地范围内的水文状况与乡村生产、生活和生态有着密切的联系，水是农业的命脉，是开展农业生产的必要条件。基地灌溉水源、灌排系统、水质和水量都与农业生产直接相关，尤其是水稻等水生植物生产，在生产期中必须有充足的水分供应，供应不足会导致干旱而影响收获，甚至绝收。乡村基地范围内必须建造完整的灌排系统，当作物生长需要水时可以及时供应，当种植地积水时也可以及时排除，能够保障水旱无忧。全国范围内的不同区域年降雨量存在很大的差异，从几十毫米至2000毫米左右的降雨量不等，一般南部地区降雨多，北部地区降雨逐渐减少，东部地区降雨多，西部地区降雨逐渐减少。同一地区由于海拔、坡向等因素的影响，年降雨量也有一定的差异。一年之中不同季节降雨量有较大的差别，通常有雨季和旱季之分，这就是雨量时空分布不均的特点，人类虽然可以进行人工降雨，但也只能在局部区域，也要有积雨云存在才有可能，这种方法还是很难解决地面供水的需求。因此，区域雨水收集和蓄水对于生产和生活用水十分重要。基地内具有能蓄水的鱼塘或水库，并且能够对耕地进行自流灌溉，这是难得的好条件，可以大大降低生产成本。过去农村耕地兴修的水利设施较为完备，大部分耕地实现了自流灌溉，靠天水和人工抽水灌溉的耕地只是一小部分，冬季兴修水利是广大农村的一项基本工作，包括鱼塘清淤、灌排沟渠维修和堤坝加固等内容，保障了耕地灌排水利系统的正常使用。然而在农村分田到户实行联产承包责任制以来，农村水利工程设施年久失修，处于退化状态，给农业生产带来了诸多不便，这是中国农村建设必须重视的一项基础性工作。如果乡村基地范围内有充足的水源，并且能够直接利用于生产，水田和旱土供水都有保障，水旱无忧，人畜地下饮水水源也极其充分，水质优良，取水方便，这就是极佳的水文条件。

如果乡村所在地雨水在时间上分布不均，雨水收集就是乡村景观设计的一项必要的工作，必须在乡村景观设计范围内选择适当的位置修建一定库容的山塘或水库蓄积雨水，并配备修建灌排设施，以保障农业生产灌溉用水；如果乡村所在地有过境河流，则可采用筑坝引水的方式灌溉耕地，或修建泵站抽水灌溉，生产用水必须得到充分保障。

乡村基地范围内水资源的充分利用还必须考虑一个重要方面就是在兴修水利设施时如何实现水环境景观化，在满足蓄、灌、排功能的基础上营造水环境景观，包括动态水景观和静态水景观，增强水环境的观赏功能。改变过去水体驳岸形态生硬的处理方式，采取自然和生态的方式进行改造，减少垂直硬化和直线化的建造模式，岸际采用水生植物进行造景，创造充满生机的生物多样的水环境景观。乡村景观是一个对外开放的旅游休闲环境，需要接待众多的游客，水体是存在安全隐患的地方，除管理上注重安全措施外，在水景观环境建设时必须严格按国家水体安全建设规范进行建设，以防范人畜安全事故的发生。

乡村景观设计在水资源管理上蓄、灌与排都重要，坚持“少了必蓄、需要能灌、非排不可则排”的原则，让天然雨水能够就地贮蓄，一切为了生产与生活的方便，解决雨水时空分布不均的矛盾，使景观设计范围内既无洪涝灾害又无干旱缺水状况发生，水旱无忧，只有在景观设计范围内建造一个良好的水循环安全系统才能实现。水循环安全包括水量安全和水质安全，水多了不形成洪涝灾害，水少了不形成旱灾，杜绝污染物排入水体，确保水质优良，走水质生物净化的道路，在水体中开展水产养殖，严格考虑水的承载力，防止水质富营养化，永远保障水生态安全。

如果乡村景观所在地在湖区的垸内，一般地下水位较高，耕地的地势平坦，地表水多处于水平静止状态，很难自然排水，水对农作物的影响是易发生水涝，修建沟渠排水就是必要工作。垸内的耕地难以实现自流灌溉，通常修建有抽水的泵站，既用于灌水也用于排水。湖区具有较丰富的水资源，适宜开展水稻生产和各种水产养殖，开展旱作需要对耕地环境进行适当的改造，如种植陆生的果树和蔬菜，深挖排水沟就是一项基本的技术措施，以防发生涝害。

五、其他自然资源

乡村景观范围内的自然资源包括耕地资源、山林资源、水资源、矿产资源等资源。耕地资源其实属于一种人文资源，在它的形成过程中人是主要的影响因素，但耕地有自然属性也归为自然资源。耕地有两种，一种是水田，另一种是旱土。水田一般具有自流灌溉条件，主要用于种植水稻等大田农作物；旱土一般难以实现自流灌溉，主要用于种植果树、蔬菜和茶叶等园艺植物。水田在有坡度地方开垦建造的称为梯田，要维持梯田蓄水种植水稻每年必须加固田埂防止渗漏，需要花费一定的人力，山地梯田难以实现大型的农业机械化操作，一般在南方山区和丘陵山区分布较多，近年，对于那些耕作难度较大的梯田，一部分实行了退耕还林。景观内的耕地怎么安排农业生产，尤其是基本农田国家已明令不能随意改变土地的性质，必须保持其农业生产的功能，乡村耕地的利用规划必须在充分调研的基础上，根据本地的气候与相关的资源优势，选择发展特色商品化农业生产项目，开展农业商品化生产，参与市场竞争，生产具有市场竞争能力的特色农产品，以获得生产性的销售收入。余下的耕地依据乡村自身接待消费的需要，生产多样化的农产品，并且实行种养结合，采用生态农业模式，发展多样自足型农业，为了提高乡村耕地区域的观赏价值，可以适当种植观赏植物，并且与园艺植物和农作物进行景观化配置，创造一年四季有景可赏的耕地植物景观。

山林资源包括山地资源和森林植被资源，有人工经济林和天然植被林两种，它们都可以成为风景林地，坚持以保护为主的原则，强化山林地生态功能的发挥，人工经济林中的果林、油茶林和其他功能林地，通过人工管理，在维持其经济产量的同时，注重生态功能的发挥，杜绝随意砍伐的现象发生。天然林地多为风景林地，一般维持其自然状态，坚持最小干预的原则，最大限度地发挥其生态功能，采用生态旅游的利用方法，严格避免得不偿失的开垦和开发。我们在进行乡村景观设计规划时，必须对所有林地进行群落结构分析，明确优势种和伴生种的功能和作用，自觉维护天然植物群落生物多样性的特点，制定严格的保护措施，实现永续利用。乡村建筑周边的森林资源，在不影响其形态结构的前提下，利用良好的森林生态系统因地制宜修筑游道、布置设施，适当安排林地中休闲或拓展活动，以提高林地资源的利用率。

农村的山林地，如果形成了良好的森林生态环境，具有较高的旅游价值，则可开辟森林浴场和瑜伽等活动场地，因山就势修筑游道，适当布置游乐与休闲设施，选择适宜的位置开展旅游活动。

乡村景观设计范围内的水资源分地上水资源和地下水资源两类，地上水资源的形态可能有山塘、水库、溪流、叠水、涌泉等，这些水资源除供生活和生产使用外，还可以形成水景观供人观赏，对水体环境进行美化，以增强水景观的艺术感染力，水环境景观力求生态自然，杜绝一切污染源，永远保持水质良好。农村山林之中的地下泉水，有的可以直接饮用，在乡村景观设计范围内可以修建泉水井，在保障卫生的条件下让游客品尝，可以创造以泉水为主题的景点。地下水资源通常是在地表水不够的情况下进行开采，是否拥有丰富的地下水资源也是乡村景观设计的一个重要条件之一。

乡村景观设计范围内的其他自然资源，如天然的山石、矿石、溶洞等具有较高的开发利用价值，有的甚至具有极高的地质学价值，可以作为地质科普基地，创造独特的地质教学环境，以形成乡村景观设计的特色。天然的山石本身就有观赏价值，还可以选择适当位置的山石进行刻字或创作浮雕等，创造人文景观，凸显地域文化氛围。溶洞内一般藏有千奇百怪的钟乳石，具有极高的观赏价值，在严格保护的前提下进行开发，让游客欣赏大自然的鬼斧神工。

乡村景观设计范围内的古树名木和奇花异草，具有特别的观赏价值，可以独立成景，应确定为重点保护对象，并建立必要的保护措施，进行特别护理，使其更显珍贵。山林之中的鸟类和各种野生动物和昆虫，是给环境带来生机和活力的生命要素，尽可能保护它们的栖息和生存环境，让它们能够在森林中繁衍生息。

山林之中山谷之底通常有泉水和溪流，山与水、溪与石相伴而生，高低起伏，弯曲延伸，变化自然，通常形成瀑布、深潭和叠水，历来是人们欣赏的对象，沿溪开路，让游客尽享溪流瀑布与叠水之美。

农村的山林地一般多为地势较陡的山地，已经形成了良好的森林植被的应以保护为主，充分发挥森林植被的生态效益，砍伐森林和开垦都易造成水土流失，甚至易导致发生滑坡等地质灾害。开发山林地资源最好从生态旅游的角度去考虑，于林中修建必要的旅游设施，如游道和观景亭、台、塔、轩等小品设施，就可以对外开放。为增强山林地的景观感染力，于游道两旁或缓坡之处适当种植一些观花或观叶的木本植物和观花地被植物，使林地植物景观更能吸引游客的视线，让游客饱享眼福，得到美的享受。

六、区位交通与区域经济

区位指的是乡村景观的相对地理位置，重要依据主要是分析项目地周边与之联系较大的城市之间的距离。乡村景观的游客主要是与之相距较近城市的市民，这是由农场的地域性决定的。乡村旅游是近地旅游方式，远客较少，最宜发展乡村旅游的距离为距离服务城市30千米以内，超过这一距离发展旅游业的难度就会增大，除非具有特别的资源优势，通过开发特色旅游项目来吸引特定的人群。如高山区域具有夏季凉爽的特点，适宜炎夏度假旅游，具有低海拔城市无法可比的优势，高山区域即可围绕夏季旅游项目的开展进行重点建设。乡村景观的区位也不是距城市越近越好，因为乡村旅游属于生态旅游的一种，对生态环境质量要求较高，一般距城市太近难以避免受城市的某些干扰，如空气质量与噪声就是影响乡村环境的重要因素。乡村景观所处位置的道路交通也是影响乡村发展的一个重要因素，外部道路交通不仅影响农产品和必要的生活物资运输，更重要的是影响游客进出，现在城市人到邻近的乡村多采用自驾游的方式，到乡村景观的道路过窄或路面质量有问题对游客的情绪影响很大，很难想象外部道路有问题的景区会有人愿意去游览。道路交通设施是农村发展旅游业的基础设施，不仅要求通达，而且要求乡村主要道路必须具有好的会车之处，最好是全程满足双向行驶，尽可能给自驾游的游客带来交通的方便。乡村静态交通设施也必须满足游客停车的需要，各个景区必须建立足够多的停车位，以方便游客停车，并且最好是带有遮阴设施或种植有大树的生态停车位。适宜的区位和通达的交通是乡村发展生态旅游产业的基础。

中国农村区域经济发展水平存在较大的差异，规划乡村产业景观前了解区域农村所在地的经济发展水平，尤其是当地主要产业的发展水平是非常必要的，以便掌握当地乡村产业发展的基础，决定未来产业发展的方向和建设内容。目前，中国有的贫困地区年人均可支配收入仅几千元，收入高的地方却达到了2万元以上，相差好几倍，究其原因，与区位交通、地理气候、自然资源、社会资源、思想观念、文化水平、技术知识和开拓意识等因素有着直接关系。对于一个乡村景观设计范围内的村民经济收入水平进行实地调查与研究，分析经济落后的原因，尤其是对于那些目前还处于贫困线以下的村民，更应找出他们贫困的原因。乡村产业景观规划的一个重要目的就是要让贫困村民能够通过劳动获得稳定的工资收入而脱贫，不仅仅是为了投资业主获得经营的利益，而是让更多的当地村民获得就业机会，通过建立适应当今社会发展需求的农村产业平台，能够吸纳更多的当地农民就业，能够发挥更大的社会效益，尤其是能够帮助那些文化水平低而不适于外出打工赚钱的农民就地就业，更能体现乡村景观设计的价值和意义。

农村发展经济单靠农业生产让农民获得相对较高的收入是有很大难度的，必须通过发展其他产业让农民增收。近年来，随着农业机械化应用水平的提高，农村劳动力的需求量大大减少，迫使农民不得不外出打工赚钱，各地农村出现外出打工收入远远高出家庭农业生产收入的现象，不能外出打工的农民难以在当地找到合适的工作，导致农村户与户之间收入水平差别越来越大，两极分化明显，在现行的农村体制下，要解决贫富之间的差别是非常有难度的，政府一直重视精准扶贫工作，并收到了一定效果。中国农村有不少地方农民自发组织建立了农业合作社，共同发展农业商品化生产，开始之时有的还是很好地解决了农产品销售难的问题，解决了不少农民生产的后顾之忧，但是，随着农业生产成本的提高和农产品价格的限制，以及同类产品市场竞争的激烈，导致农业商品生产的利润空间十分有限，农业生产增产不增收的现象时有发生，农民增收还是一个备受关注的社会问题，其中未成立农业合作社的区域农村农民增收的问题更加突出。中国目前的农村农业合作社多为松散型的经营组织模式，农户之间的合作关系是松散的，合作社不是一个可控的关系紧密的利益共同体，很难实现共谋利益，尤其是在农产品市场有限的情况下，合作社松散的弊病就很容易显露出来，因此，中国农村农业合作社模式转型发展迫在眉睫。近年来，在农村实行以家庭为单位的联产承包责任制的基础上，提出了发展家庭农场和农家乐的思路，各级政府也在积极引导，但发展成效还是不够显著，农村经济究竟如何发展，国家又提出了建立农村田园综合体的发展建设构想，各地也有实施和探索，有的学者还提出了中国农村必须重走集体化的道路才是真正的出路。本书作者把未来农村发展的基本单元定为特色乡村，倡导在一定的区域范围内充分调动广大农民参与的积极性，采用股份制的经营模式，实行公司化运作，突出经营主体和业主的组织和领导作用，彻底改变区域农村无序的经营状况，结合当地特色农业生产，大力发展乡村旅游服务业，走出农村单靠农业生产获得收入的困境，拓展第三产业收入的渠道，使乡村产业经济走上可持续发展的道路，让广大农民能够安居乐业，就地获得较为稳定的经济收入。

七、人力与人文环境

乡村景观设计的人力资源环境包括当地现有的劳动力资源、能够从事管理的人员和离开本地外出工作的人员，这些人员可以把他们看成可以参与农庄建设和支持家乡建设的人力资源，绝大多数人对家乡总是有一种特殊的感情，有一种关心家乡建设的情怀，一般来说发动他们参与家乡建设会乐于接受，或出资或献计献策，这是农庄业主必须争取的一股力量，也符合中国传统的落叶归根思想，比较容易获得他们的支持。在农庄规划前，对相关的人力资源进行调研，分析他们的年龄结构、男女比例、专业技能、劳动能力、工作职业、文化水平、需求爱好等有助于了解他们对农庄建设和发展的作用，最好是业主制定各种优惠政策吸纳他们投资入股，共同关注和支持农庄的发展，充分发挥地方人力资源对家乡农庄建设的促进作用。

农村人文资源是区域农村历史上出现的有影响的人物和事件，或因此而遗留下来的物质与精神载体，或因此而形成的当地的文物和风尚，对区域农村地域文化的形成具有重要影响。人文资源既有物质的，也有精神的，我们在进行区域乡村产业景观规划设计时，必须充分挖掘，找出文化主题与内涵，然后以一种特别的形式表达出来，让游客得到物质的享受和精神的启迪，从而永远传承下去。优良的地域人文资源利用于农庄的建设之中，对于农庄文化氛围的形成将发挥不可替代的作用，能够给游客留下极其深刻的印象，也许所建造的文化主题景观就是该农庄吸引力所在，让农庄作为文化传承的载体和审美的对象，彰显地域文化特色，因此，深挖当地的人文资源对农庄建设意义重大。

人力资源是农庄建设和管理中可直接利用的资源，人文资源则是有史以来所积累的资源，是一种特有的地域文明，具有地域性。农庄建设可以借用，是农庄发展的宝贵财富，利用的最终目的就是要将资源优势转化为经济优势，为区域经济发展服务。

第三节　乡村景观设计的具体构思

一、乡村景观规划的构思

（一）确定乡村景观规划范围，明确规划任务

根据乡村景观的基本特征以及景观规划的完整性和一体性，对县级

建制镇以下的广大农村区域所作的景观规划皆属于乡村景观规划的范畴，其具体范围一般为行政管辖区域，也可根据实际情况，以流域和特定区域作为规划范围。按照规划任务可以分成六类，具体包括：①乡村景观综合规划设计；②以自然资源保护为主的规划设计；③以自然资源开发利用为主的规划设计；④农地综合整治规划设计（农地整理规划设计）；⑤乡村旅游资源的开发、利用和保护的规划设计；⑥乡村聚居和交通的规划设计。

（二）乡村景观类型与利用状况调查与分析

乡村景观类型与利用状况调查分析，既是乡村景观合理规划的基础，同时也是乡村景观规划的依据。在进行乡村景观规划时，乡村景观类型与利用状况调查分析是一项重要内容，通常作为一个专题进行研究。

1. 乡村景观资源利用状况调查分析的资料收集

进行乡村景观规划及乡村景观资源与利用状况调查分析，需要收集大量的基础资料。主要内容包括：

第一，土地利用现状与历史资料。包括土地利用现状调查与变更数据、土地利用现状图、农村土地权属图、土地利用档案与各类土地利用专项研究资料和报告等。

第二，乡村景观资源构成要素资料。包括区域地理位置、土壤资料、植被资料、气象气候资料、地形地貌资料、水文及水文地质资料、自然灾害资料、地质环境灾害资料、矿产资源及分布资料等。

第三，人文及社会经济资料。人文资料包括文化、风俗和人文景点分布与相关背景材料；社会经济资料包括行政组织及沿革，人口资料，国民经济统计年鉴，上位、本体及下位国民经济，以及社会经济发展计划、经济地理区位与交通条件、村镇分布与历史演变、水土资源和能源开发利用资料等，同时还包括经济发展战略、经济发展水平、主要工农业产品产量与商品化程度、人均收入水平、教育水平以及在区域经济中的地位等。

第四，相关法规、政策和规划。包括国家和地方与乡村资源开发利用管理相关的法律政策规定、国土规划、土地利用规划、村镇规划、各类保护区规划及其他专项规划等。

2.乡村景观类型、结构与特点分析

首先，乡村景观类型与结构。在基础资料收集的基础上，借助区域路线调查和访谈，详细掌握规划区域乡村景观的类型，包括乡村自然资源、人工景观资源和文化资源的类型，并分析其数量、质量和价值以及在空间上的表现形态等。

其次，乡村景观资源的特点。根据自然、社会经济、文化等层面的宏观分析，明确乡村景观资源的优势、分布与开发利用前景，同时分析乡村景观资源开发利用中的问题，以及对乡村景观可持续利用管理、乡村人居环境改善、自然保护等的限制作用，其中着重强调现有乡村景观利用行为对乡村景观资源保护与升值的破坏作用。

3.景观空间结构与布局分析

首先，景观空间结构与布局分析可以采用两种方式：一是按照景观“斑块—廊道—基底”模式分析；二是按照乡村景观资源，特别是土地利用的空间与布局进行分析。

按照景观“斑块—廊道—基质”模式，主要利用景观单元的划分标准，调查分析规划区域内的斑块、廊道的类型、性质与空间格局和分布状态，以及与基底相互作用的关系，为诊断景观敏感区域、类型和景观过程提供依据。

其次，土地利用空间结构与布局分析。可按照土地利用现状分类，对规划区域内的土地利用类型、数量、比例和空间结构进行分析，主要包括对耕地、园地、林地、牧草地、居民点及工矿用地、交通用地、水域和未利用土地的分布特点和利用状况，以及进一步开发利用和保护的潜力进行分析，为规划区域土地利用问题诊断提供科学依据。

4.景观过程分析

景观过程是在时空尺度范围内景观中的各种生态过程，它对景观格局变异、景观主体功能具有强烈影响。按照景观功能的人文干扰、生态和文化因素，可将景观过程分为景观破碎化过程、景观连通过程、景观迁移过程、景观文化过程和景观视觉知觉过程。

（1）景观破碎化过程

景观破碎化过程主要以人类活动对景观干扰所引起的景观破碎化的一种过程。人类活动，如公路、铁路、渠道、居民点建设、大规模的垦殖活动、森林采伐等都是引起景观破碎的诱因；同时，自然干扰，如森林大火也是引起自然景观破碎的因素之一。在现今，景观破碎化过程主要是由人为因素所引起，它对区域的生物多样性、气候、水平衡等产生了巨大的影响，业已成为引发许多生态问题的主要原因之一。景观破碎化过程，包括地理破碎化和结构破碎化两种过程，可以在同一比例尺下，同一景观分类标准下，根据不同时段的景观图，采用多种景观指数进行综合分析。在此基础上，可以根据不同景观类型的性质，分析景观破碎化过程对规划区景观结构和功能的影响。

（2）景观连通过程

从对景观均质性的影响而言，景观连通过程是与景观破碎化过程相反的一种过程。景观连通过程对景观的经济、生产和生态功能具有重大的作用，与景观破碎化有相同或相似的功能效应。景观连通过程可以通过结构连接度和功能连通性的变化进行诊断。结构连接度是斑块之间自然连接程度，属于景观的结构特征，可以表示景观要素，如林地、树篱、河岸等斑块的连接特征；功能连通性是量测过程中的一个参数，是相同生境之间功能连通程度的一个度量方法，它与斑块之间的生境差异呈负相关。景观通过斑块的连通性变化，在某些情况下能引起景观基质的变化，可以逆转区域生态过程，直至产生重大的环境影响。

（3）景观迁移过程

迁移过程包括非生物的物流、能流和动物流三个过程。物质迁移过程包括土壤侵蚀和堆积、水流、气流为主的几种过程，诊断物质迁移的主要过程，并对引发迁移的影响因素和过程机制进行分析，可以有目的地防治物质迁移过程对景观功能和空间布局的负面影响，并提出相应的乡村景观规划对策；能量迁移过程是能量通过某种景观物质迁移过程而发生的流动过程。分析景观资源中潜在的能量以及释放或迁移方式，对于化害为利具有重要的价值；动物的迁移过程是景观生态学的重要研究内容，在自然保护区的规划设计中必须对动物的迁徙和植物的传播过程、途径进行深入的研究，为保护生物栖息地和迁移廊道提供科学依据。

（4）景观文化过程

正如“破坏性建设”对风景旅游区的价值破坏一样，在乡村景观更新过程中，对乡土文化人为割裂和破坏已经达到相当严重的地步。我国乡土文化源远流长，沉淀着中华文明的文脉，而且随地域不同呈现出不同的文化和风俗，具体体现在区域的文物、历史遗迹、土地利用方式、民居风貌和风水景观之上。通过调查分析和访谈等正确诊断和发现属于当地地方特征的上述乡土文化和风俗的表现形式，有意识地在乡村景观规划中保护并结合乡村景观更新进行科学的归纳和抽象（即乡村景观规划意象的初步阶段），按照与时俱进和保护发展乡土文化的基本原则，以适当的形式在景观规划中进行表达，对于体现乡村景观的地方文化标志特征、增加乡村居民的文化凝聚力和提高乡村景观的旅游价值具有重要的作用。

（5）景观视觉知觉过程

人们在摆脱物质贫乏阶段后，对人居环境的要求越来越高。在以往的建设和生产中，由于不注重环境美学的研究，“视觉污染”相当严重。为了消除“视觉污染”，同时避免在乡村景观更新中产生新的“视觉污染”，而对乡村景观美学功能形成损害，必须对乡村景观的视觉知觉过程进行分析。在景观规划发展中，目前已经发展了一套用于景观视觉知觉过程的原理和方法体系，如景观阈值原理和景观敏感度等，为在乡村景观规划设计中充分体现景观的美学功能提供了科学方法支持。

5. 乡村景观资源利用集约度与效益分析

乡村景观资源利用集约度与效益如何，是衡量乡村景观资源开发利用程度的重要指标，可以针对乡村景观资源生产、生态、文化和美学的潜在功能的发挥程度和效益，借助投入产出等经济学方法进行分析。

（1）乡村景观资源利用集约度分析

从经济学角度出发，资源利用集约度是指单位面积的人力、资本的投入量，文化和美学资源还包括土地投入量。针对农地资源，特别是耕地资源，其利用集约度可以从机械化水平、水利化水平、肥料施用量、劳动力投入量等几个方面进行衡量，对于文化和美学资源利用集约度可以根据区域文化和美学资源的开发投资强度来反映。

（2）乡村景观资源利用效益分析

包括经济效益、社会效益和生态效益。乡村景观资源利用的经济效益是指景观资源单位面积的收益或以较少的投入取得较大的收益；乡村景观资源利用的社会效益可以通过乡村景观资源利用为社会提供的产品和服务量进行定量或定性分析；乡村景观资源利用的生态效益，可分析乡村景观资源利用对生态平衡维持和自然保护所造成的正面或负面影响程度，用水土流失、沼泽化、沙化、盐碱化、土地受灾面积的比例变化定量描述，同时也可利用一般性原理解释一种利用方式对生态影响的机制来定性描述。

6. 乡村景观资源利用状况评述

通过乡村景观资源利用状况评述，要总结乡村景观资源利用的演变规律、利用特征、利用中的经验教训、存在的问题和产生的原因，并提出合理利用乡村景观资源的设想。其主要内容包括：基本情况概述，如自然条件、经济条件、文化风俗、生态条件等；乡村景观资源利用的特点与经验教训；乡村景观资源利用中的问题；乡村景观资源利用结构调整的设想；维护、改善或提高乡村景观资源生产和服务功能的途径；提高乡村景观资源综合利用效益的建议；等等。

（三）乡村景观评价

乡村景观评价是乡村景观规划设计的基础和核心内容，其过程贯穿整个乡村景观规划设计，而其根本任务就是建立一套指标体系对乡村景观所发挥的经济价值、社会价值、生态价值和美学价值进行合理评价，揭示现有乡村景观中存在的问题和确定将来发展的方向，为乡村景观规划与设计提供依据。按照其评价目标，乡村景观评价主要包括土地生产潜力与适宜性评价、乡村聚落与工业用地立地条件评估、乡村景观格局评价、景观生态安全格局分析、景观美学质量评价、景观阈值评价、景观敏感度评价等。

除了上述一般性的乡村景观评价内容以外，在乡村景观规划设计中有时往往还涉及特殊景观资源的评价和保护。特殊景观资源是指具有特殊保护价值的文化景观和自然景观，包括具有历史文化价值的文化遗迹以及具有潜在科学和文化价值的地质遗产、不同保护级别的自然景观等，对规划区的上述特殊景观资源进行分类整理、分析和评价，以及分析乡村景观更新中对其价值所造成的冲击，是乡村景观规划设计中不可或缺的评价分析内容。对特殊景观资源的评价分析有别于其他景观资源的评价方法，一般可由专家定性完成，对于乡村景观更新中的特殊资源的冲击评价，可采用环境影响评价的流程完成。

（四）乡村景观规划设计

针对我国乡村现存的资源利用不合理、生活贫乏、聚落零散等问题，我国乡村景观综合规划一般涉及乡村景观整体意象规划、乡村景观功能分区、乡村产业地带规划三个方面。同时可视具体情况进行乡村景观的专项规划设计，如乡村聚落规划设计、交通廊道设计、自然保护区的规划设计、田园公园的规划设计、农地整理规划设计等。在上述基础上，按照规划任务，设计不同的规划设计目标，进行多方案设计。

1. 乡村景观整体意象规划

所谓意象是指人们对客观事物的认知过程中，在信仰、思想和感受等多方面形成的一个具有个性化特征的意境图式，可分为原生意象和引致意象。乡村景观规划中引入意象的概念，作为乡村景观综合规划的一个重要层次，对乡村景观规划进行整体意象规划，主要是体现乡村景观规划的个性化、地方化和社会性。因此，从这层意义上来讲，乡村景观整体意象规划是乡村景观规划的基础，同时也是实现乡村景观规划适当、准确、标示性强的主要步骤。对于比较有地方色彩和个性化，或具有特殊保护价值的乡村景观资源的乡村区域，在乡村景观规划中要紧紧围绕具有地方性和个体性的自然和人文景观，按照主题鲜明、整体协调，以及保护传统景观资源的基本原则，进行乡村景观整体意象的规划设计；在缺乏地方性和以现代景观为主的乡村区域，在乡村景观整体意象规划中，要从地方文化、风俗等演变历史过程中，寻找能够代表区域地方性和个体性特点的景观意象，并充分发挥人的景观创造性，设计具有地方性、时代性、先进性、生态性和较高美学价值的乡村景观格局。

2. 乡村景观功能分区

乡村景观功能分区是在乡村景观资源环境调查、评价的基础上，以景观科学理论为依据，以景观过程分析为核心，以景观规划设计技术系统为支撑，以乡村人居环境建设为中心，以乡村可持续发展为目标，研究确定乡村景观的总体特征、总体格局和发展方向，并对乡村景观资源环境的功能和更新方向进行分区规划。具体地说，乡村景观功能分区过程，是一种在不同空间尺度上对乡村景观类型、景观价值，景观中人类活动特征、存在问题，景观资源的开发利用方向和方式，景观问题解决的途径，景观未来的演变趋势等进行综合归并后，将资源基础、人类活动特征、存在问题与解决途径、未来发展方向相同或相似的景观类型在空间上进行合并，形成具有相同景观价值与功能的景观区域的过程。依据乡村景观中存在的问题和解决途径以及乡村可持续景观体系建设的原则，一般可将乡村景观划分为四大区域，即乡村景观保护区、乡村景观整治区、乡村景观恢复区和乡村景观建设区，并可依据实际情况划分亚区，如乡村景观保护区内可划分为基本农田保护亚区、湿地保护亚区、天然林保护亚区和古迹保护亚区等。

乡村景观功能分区是乡村景观综合规划的重要环节，同时也是乡村景观规划的一个必要的成果。它具有在空间上控制乡村景观维护和更新的方向、任务功能，同时也可为乡村景观规划设计的细化和完善提供空间控制基础、规划用途的管制规则、景观问题的解决途径等。

3. 乡村产业地带规划

根据我国乡村区域的经济功能（含一、二、三产业），承载在乡村区域上的人类行为主要包括农业生产、采矿业、加工业、游憩产业、服务业和建筑业六大行为体系。具体行为有粮食种植、经济作物种植、养殖（水产畜牧）、地下开采、露天开采、农产品加工、重化工业、机械加工制造、建筑材料工业、大型工厂建设、乡村野营、游泳、划船、骑马、自行车野外运动、高尔夫运动、登山、滑雪、自然探险、生活体验、风俗民情旅游、古聚落旅游、农产品销售市场、公共交通服务、零售服务、住宿服务、餐饮服务、居民住宅建设、乡村公园建设、乡镇规划等33个行业。

针对规划区域，首先，应该根据当地社会经济发展战略，社会经济发展水平、技术条件和景观资源的禀赋，进行市场调查和科学分析，在保护和合理开发乡村景观资源，并确保可持续利用的前提下，确定规划区域产业发展规划设想；其次，依据各产业对景观资源条件和属性的需求，进行适宜性评价，形成各产业适宜性地带；最后，依据各产业发展目标、先后顺序和适宜程度，确定乡村产业地带规划。

在进行上述综合层面规划的基础上，可视具体情况，进行乡村景观的专项规划设计，如乡村聚落规划设计、交通廊道设计、自然保护区的规划设计、田园公园的规划设计、农地整理规划设计等。在规划过程中，可根据任务要求和区域具体情况，设定不同的规划设计目标，进行多方案设计。

（五）乡村景观规划设计方案的优选

按照不同的要求和目标，进行多方案设计是获取切实可行和合理的乡村景观规划设计的重要步骤，同时也是面向社会各阶层修改乡村景观规划设计方案的基础。多个乡村景观规划设计方案优选可以通过三个过程完成，即环境影响评价、经济评价、公众参与。

1.环境影响评价

鉴于社会经济发展过程中带来的环境问题，国际上非常重视规划和工程设计的环境影响评价，以免人类对资源的利用行为对环境产生严重的负面影响。随着人为造成的生态环境的恶化，我国政府已经非常重视生态环境保护与建设，并将规划和工程设计必须进行环境影响评价纳入法律范畴。环境影响评价可以针对规划区域的特点，以及乡村景观规划中的景观更新方案；针对景观单元本身和周围生态环境影响，以及对生物和景观多样性、栖息地保护、地质环境、独特自然景观的影响，建立评价指标体系。采用定量评价方法，评价规划设计方案的环境影响程度，回答规划设计方案对环境影响的大小，以及对生态环境改善的促进作用等，为决策层和公众选择规划设计方案提供科学依据。

2.经济评价

经济评价是乡村景观设计可行性分析的主要内容。乡村景观规划设计方案的经济评价，首先，要对按照规划设计所拟进行的景观更新的成本和费用进行预算；其次，采用经济分析方法，如投入—产出法、费用效益分析法等，对投资回收期、产投比等进行分析；最后，还必须对乡村景观规划更新费用的融资渠道，以及当地政府和居民的承担能力进行分析。综合上述分析，提出不同乡村规划设计方案的经济可行性。

3.公众参与

由于规划的实施主体为规划区域民众，如果规划设计过程中没有当地民众的广泛参与，以及规划方案没有得到公众的认同，乡村规划设计方案也就丧失了具体实施的基础，即使能够得以实施，其效果也不会很理想；同时从法理上来讲，公众对任何公共行为和政策也必须有知情权和发言权。从国际趋势来看，公众参与是任何规划设计中的一个必要的步骤，并已成为规划设计方案得到广大民众支持以及修改完善规划的重要手段。从目前我国农村的基本状况看，许多乡村居民的认知能力比较低下，仅仅采用公布、公示等方式还不能真正达到公众参与的效果。针对这种情况，可采用国际上通行的农民参与式方法，通过规划设计人员与不同层面农民的交流，培养农民的认知和问题发现能力，以便提出切实可行的规划修改意见，最终达到对优化规划设计的认同。

综合上述三个过程，对多个规划设计方案进行优选，并付诸实施。

（六）乡村景观规划实施与调整——规划实施的动态反馈

根据规划内容确定实施方案，使规划得以全面实施。在实施过程中，根据客观情况的改变，以及规划实施中新问题的出现，为了保证规划设计的现时性，需在不破坏原有方案的基本原则下，对原规划方案进行一些修正，以满足客观实际对规划的要求。

二、乡村景观设计的方式

（一）保护的方式

保护方式主要体现出地域景观的独特特色。注重保护与充分发扬地域景观的特色往往都是农村景观设计时需要高度关注的重要问题。地域景观特色往往也包含自然与人文两个重点内容。自然主要是指一个地区的环境自然，包括当地的地貌、地质、气候、生物、水源等多种类型的环境的综合体。人文主要是指当地所呈现出来的各种文化现象，包括当地的历史、文化、传统影响带来的文化背景。要保护当地景观，首先需要保护好自然与人文的原生态性。原生态性通常都是最富有地方色彩的草根文化，属于稀有的、不可多见的类型。正是由于这种特殊的个性存在，它才可以独具一格，才可以很好地吸引人们的关注与赏识。

我国农村大多数分布在自然环境相对较好的地带。不管是山区还是盆地、山丘、平原，其自然环境所表现出来的特色也是各不相同的。例如，皖南地带主要是以群山为典型地方特色，群山环抱，群峰叠嶂，草盛林茂，山谷溪流交错；江南的农村主要是以水乡为其典型特色，以河湖密布的地理环境孕育出了江南鱼米之乡的优秀传统文化；苏北平原十分开阔，视野通透，保护好这里的特有自然生态环境，才可以充分发挥出地域独特的景观优势。

农村景观的视觉范围之中所体现出来的地方文化元素大多集中于农村的一些古村、古镇、古桥、古建筑等基本的造型与装饰上，因为年代久远，损坏十分严重，需要现代人去修旧加以保留。

建筑学家吴良镛教授说：“建筑学是地区的产物，建筑形式的意义与地方文脉相连，并解释着地方文脉。”中国农村十分广阔，南北之间的差异非常大，农居建筑的形式也是多种多样的，农居的建筑形态和建筑上的装饰也在各地的农村都有，但是地区的不同，就会有截然不同的风格，大多具有当地的典型特色，其装饰的内容中也具有典型的文化内涵与特色，具有十分浓厚的装饰趣味以及非常典型的文化情结。非常值得人们对其进行保护、传承与观赏。其建筑的形态和当地的气候、环境、地质及生活习惯、信仰、风水等方面都存在十分紧密的关系，而装饰的内容与当地人在经济文化和信仰、信念、民俗民风之间存在着直接的关联，江苏泰州泰潼一带的水清、土黏，以盛产上等砖瓦闻名于世。因此当地的砖雕技艺精湛，独具风格。民居门楣常以砖雕装饰，其内容包含渔、樵、耕、三国人物戏文，栩栩如生。在建筑的屋脊和山尖（山墙的顶尖）灰塑上常用荷花莲藕寓意佳偶天成，松树牡丹代表长命富贵。

（二）改造的方式

改造的方式主要体现在传承地域的景观特色。改造的目的是传承当地的自然和文化特色，使之成为有本地传统特色的现代化新农村景观。改造不是随意地盲目改变，而是在调查的基础上分析和寻找地方文化传统元素，有计划、有步骤地进行系统化的规划设计，适应当地人生产生活的最佳环境，适应农村特有的自然环境，是在保护原有古老装饰风格基础上的改造，是一种传承地域文化的行为，值得注意的是，改造不是模仿而是在本身地域文化中寻找代表性符号，并做适当的强化，不然就会失去地域的特色，丧失文化传统。

我国具有悠久的历史、灿烂的文化，造就了数量庞大的历史文化古村落。历史文化名镇（村）通常仍然保存有十分丰富的文物，而且还具有非常重大的历史文化价值，可以比较完整地反映出一定历史时期的传统风貌与地方特色，其中的大部分街巷、建筑、环境以及居民生活状态都保存得十分完好，中国已经把历史文化村镇的保护纳入正式的法治轨道上来。但是，真正纳入法规保护的历史文化名村只不过是中国数量庞大的自然村落中的非常少的一部分。通常在村落中依旧或多或少地保留下来一定的传统特色，与历史文化名村一起构成了中华民族长达几千年的古老文化完整的载体，在体现村落传统方面二者缺一不可。广大的普通村落也是传统文化的基质，而那些优秀的历史文化名村则属于其中的精髓部分。如果对传统文化的保护只是体现在保护历史文化名村层面上，那么失去了传统的文化基质的历史文化名村，就会如同一个个孤零零的花瓶。建设新农村的一个最根本的目的就是可以构建和谐社会，其中的文化和谐与历史传统则是可持续发展十分重要的因素之一。所以，在新农村的规划过程中对于村落传统的保护与延续往往就具有非常重大的意义。

回顾一些历史文化名村的建筑群，它们整体非常和谐，统一之中又富有变化，非常耐看，追溯其发展历史，过去的一个村庄中总会出现一两个富有名望的人，他们大多是有文化、有修养、受大家尊重的长者，他们带头建造起来的房屋形态非常容易就被大家认可，成为村庄建筑的标准模式，也会非常快地被模仿与流行，最终就会形成这一地区的建筑风格与特色。从这个方面来看，我们的祖先的确做得非常好，居住建筑群在色调的形态及使用的材料方面都是很统一和谐的，体现出了邻里间的团结和睦。

（三）创新的方式

创新的方式主要体现在发扬地域景观特色，用创新的方法来规划与设计农村的景观，其主要的目的就是要发扬地域的景观特色，进一步引导与规范农村住宅建设形式。在当前新农村的规划建设过程中，应该充分注意整体规划的重要性，农村在建设的时候一定要具有一个比较长远的目标，有一定的发展规划与具体措施才可以开展活动。

1.新居建设应该体现出地域特色

农民住房建筑往往是农村景观发展过程中最为重要的组成部分，农民的建筑是否美观，直接会影响农村整体的形象，建筑群好看，农村的景观就会相得益彰。

社会在不断发展，思想在持续进步，人们在审美方面也在持续发生变化，怎样进行创新，这也是我们所面临的一个非常艰巨的任务，为了避免建筑在形式上出现混乱，建筑形态的确定可以多听取专家的意见。

创新不能脱离地域特色，而是应该在传统文化基础上寻找一定的文化元素，结合现代人的生产生活习惯对其进行重新塑造，使新建筑不仅具有原本的传统风格，而且还不乏现代典型的气息，建新房对于农民而言是生活中的一件大事，农民往往也会喜欢将自身的美好愿望一同建造于自己的新房屋上，通常也会在建筑上添加一些装饰纹样。

新农居建设还应该注意满足居住者生产生活的双重需要，我国的农居一般按照农居的传统习惯来布置，即后院设有厕所、禽畜及其他基础设施等。

2.农田和树木的布局之美

植物是和土地的利用、环境的变化结合在一起的，是最紧密的一种自然景观元素。树木通常也都具有非常强的水土保持能力，其树冠枝叶往往可以截住雨水而减少对土壤的冲蚀；树木一般还可以遮阴与防止地面水分蒸发，保护地下水层。地被植物还具有固土涵养水分、稳定坡体的作用，通常还能抑制灰尘飞扬与土壤侵蚀等。

农田景观的种类非常多：有水稻田、麦田、土豆田、棉花田、高粱田、蔬菜田等，各种季节都有自己的不同观赏特色。假如在一望无际的农田中配置一棵姿态很美的大树，它不仅可以点缀农田的整体美，夏季的树荫下还是干农活的人们最佳的小憩场所。

在乡村景观建设过程中，一定要注意农田和树木之间的良性搭配，充分发挥树木的观赏性，以此提高农村整体环境的品位。

第五章　乡村景观设计的植物布置

第一节　乡村植物搭配的原则

一、乡村景观设计中植物搭配原则

（一）因地制宜原则

依据地理纬度、地形、地势、光照、水分、土壤等生态环境条件和配置的景观类型（庭院、道路、广场、水体、山体、花境、花坛等）以及植物的生态习性和生长发育规律，科学合理地选择植物，将乔木、灌木、草本或藤本等植物因地制宜地配置为一个自然式或规则式的人工植物种群或群落，使不同植物个体和种群间相互协调，有复合的层次和丰富的季相变化，而具有不同特性的植物又能各得其所，使之能够充分利用各种环境因子，构成一个和谐有序、稳定而富有艺术美感的景观生态系统。①

①窦宗信，吴天珍，张庆霞，等. 美丽乡村景观设计中乡土植物的应用研究[J]. 农业科技与信息，2023（10）：128-131.

（二）主次分明原则

任何艺术创造都要遵循多样统一规律。无论是不同植物之间的配置，还是植物与其他园林物质要素之间的配置，植物配置的景观要素可能是多样的，怎样使复杂多样的元素组成和谐统一的有机整体，那将是植物配置的关键。在植物种类选择、数量确定、位置安排、配置方式和风格上都应强调主体，主次分明。只有讲求有主有次、主次分明、突出主体、以次辅主、以主领从，才显得和谐有序，否则，或平分秋色、平淡无味，或杂乱无章、毫无意境。

（三）生态性原则

植物是有生命的有机体，每一种植物对土壤、温度、气候、移栽季节、阴地、阳地、干湿度等生态环境都有其独特的要求。在植物景观设计中必须首先满足植物的基本生态要求，遵循植物生长的自然规律和原则。

1.本土植物为主的设计

植物景观设计应首选本土植物。任何植物都有它自身特有的生长环境，这种特有的生长环境就是植物在长期的生长进化过程中对周围环境形成的高度适应性。本土生长的植物是体现当地特色的主要因素，长期生长的本土植物对当地来说是适宜性最强的，这种适应性强包括对土壤的要求低、抗病虫害强、生性强健、管理简单等特性。除此之外，本土植物也是当地实用美观、经济实惠的最佳植物品种。

2.因地制宜的设计

植物景观设计要求设计者首先对设计场地的环境条件进行调查和了解，包括温度、湿度、光照、空气和土壤酸碱度、地势的高低、栽植地的阴阳朝向等情况。在掌握第一手资料的基础上作综合性分析。根据场地生态环境的不同，因地制宜地选择适当的植物品种，使植物本身的生

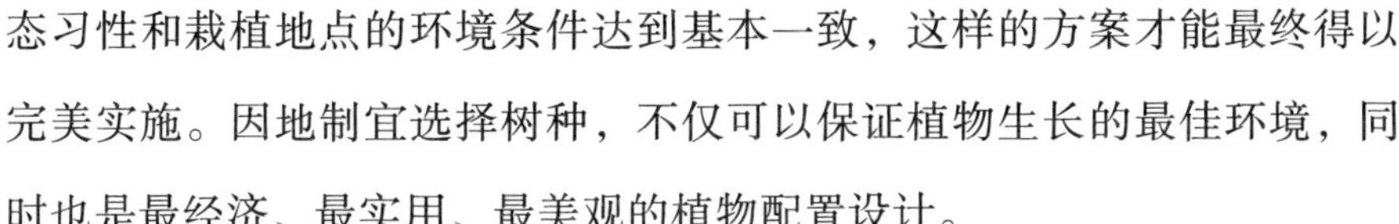

态习性和栽植地点的环境条件达到基本一致，这样的方案才能最终得以完美实施。因地制宜选择树种，不仅可以保证植物生长的最佳环境，同时也是最经济、最实用、最美观的植物配置设计。

3.生态性设计

植物景观设计是维护和创造适合人类生存的自然生态环境的设计。如何使植物的生态效应得以充分发挥，是植物景观设计的关键。人与自然共存的设计理念，就是充分利用生态系统之间的关系，创造丰富的自然生态环境，与自然相和谐。生态性设计不是一个时髦的口号，而是目前人性化环境的迫切需要。它关系到我们的日常生活和工作，关系到人的健康和生命安全，关系到人类的发展和延续。

植物的生态性设计是指有利于植物健康生长的生态环境，每一种植物都有自身发育生长的独特环境要求，即生长发育必不可少的生态因子（也称为生存因子），如阳光、温度、水分、空气、土壤等。景观植物设计要从景观植物生态学的角度考虑，结合栽植地区的环境特性进行综合性分析后选择相适应的植物品种，否则会南辕北辙。因此，坚持生态性原则的设计就是保证植物配置的科学性和合理性，这样可以减少不必要的经济损失。

（四）实用性原则

任何设计都是有目的的，植物设计也一样，一旦了解了植物的一些功能后，我们会更好地发挥和运用植物在设计中的作用。首先我们要关注植物的配置会形成哪些功能。

植物本身是一个三维空间的实体，具有构成自然空间的机能。如果从植物作为景观建筑材料的角度上看，它有着景观建筑材料构造空间功能的一面，同时其自身又是有变化的，具有生命活力的特点。树木的配置可以像建筑砌墙一样有明显的空间包围感。

植物是生长的、变化的，因而富有动态之美。设计时要考虑栽植后的生长空间，不能盲目配置。要考虑到常绿树与落叶树以及灌木群的有机结合。否则植物的动态之美会因设计的失败而失去。植物配置设计要学会发挥植物的各种优势。如设计需要一年四季遮阴的环境，那么首选是常绿阔叶树；如果在朝南的居住建筑的窗前栽植树木，一般要考虑到夏天遮阳、冬天采光的问题，那么首选一定是观赏性强的落叶花木树。

窗前栽植落叶花树可以观赏到树木在一年四季中的多彩变化，同时又为室内生活的人在视觉上增添了一幅窗框式的、自然美丽的立体植物风景画，一举两得，既有观赏情趣，又有冬暖夏凉的功能效果。

植物配置的实用性还有很多，如夏天人们喜爱在树荫下走路，可以考虑到栽植遮阳的行道树为大家提供方便。除了可以遮阳散热，植物还可以做屏障绿篱，遮挡不雅景观；可以做防风林，遮挡风沙和粉尘，以及减弱噪音、减小风力、减少空气污染；植物丛可以减弱雨水对土壤的冲刷，可以固土，涵养水源；草坪地被植物可以抑制尘土飞扬、护坡固土；等等。总之，植物配置设计的实用性原则也是营造人性化环境的基本原则。

（五）个性化原则

植物在美化环境中有它自身的个性美感，也有其组合穿插为群体的整体美感。多少年来，植物的配置大都按照传统的方式，即绿化的原则去栽植，并没有从艺术的角度出发考虑如何利用植物的色彩、质地、形态、花季、果季等自然特色去造植物之景。简单而盲目地植树绿化，带来的结果是大同小异，到处是似曾相识的场景。特别是城市街景，初次来这里的人，若没有明显的建筑特征或特大的商业广告标识的帮助，往往会迷失方向，带来辨认的困扰。这种状况是因为没有很好地运用构造景观的基本元素，没有充分发挥植物的姿态与色彩个性，使城市绿化景观陷于一种单调的同类化的状况。

整体而富有变化的配置可给人们留下较强烈的印象。植物的个性化配置，可以塑造街道的个性化风貌，这不仅为人们辨识街道、方向带来方便，而且还可以为城市街道增添无数条色彩丰富的风光带。打造城市景观要注重树木个性化街景。如雪松的街景、杉树的街景、梧桐树的街景、银杏树的街景、樱花树的街景、香樟树的街景、枫叶树的街景等。每一种树木在统一的排列下可形成带有个性的美丽色带，树木的色带下还可以配置一些相宜的色彩灌木群。这种带有强烈色彩特征和形态特征的树木重复列植，形成了翠绿色带、中绿色带、中黄色带、粉红色带、橘红色带等，这就更好地发挥了植物的个性色彩美，极大地丰富了城市街道景观。既方便了人们对街道方向的辨识和记忆，又为人们欣赏植物的个性美、享受街景风光提供了最好的设计。这不仅体现了植物的个性美，同时又丰富美化了城市的整体景观环境。

（六）文化性原则

成功的植物配置都有着很好的景观效果，也被赋予深刻的文化内涵和深厚的科学文化知识。把反映某种人文内涵、象征某种精神品格、代表某种文化意义或历史典故的植物进行科学合理的配置，有利于提高植物配置的品位。

植物配置的文化性表现在两个方面。其一，每一种植物都有其独特的形态，色彩、质地、姿韵、气味、光影、声响、抗逆性等特征，人们常利用比拟、联想手法将其人格化或赋予其不同的人文内涵。人们常在园林及庭院中配置具有象征意义的植物，用以借景抒情、托物言志。其二，不同的植物与植物之间的配置或植物在不同环境中的配置也有其特定的科学文化知识。如“梅、竹、松”或“梅、兰、竹、菊”常配置在一起，代表“岁寒三友”或“四君子”之寓意。《园冶》中提及的“梧荫匝地，槐荫当庭”“移竹当窗，分梨为院”“寻幽移竹，对景莳花；桃李不言，似通津信”等，都具有深刻的文化内涵。又如“插柳沿堤”，因柳枝迎风摇曳，婀娜多姿，与水的柔美相映成趣，既饱含着阴柔美的审美文化，又因其喜水湿环境而饱含科学知识。“在涧共修兰芷”，既利用了兰花喜阴湿的生态习性，又表达了空谷幽兰高洁的人文气质。

二、乡村景观设计中植物搭配的方式

乡村景观设计中，植物的选择与搭配是一项重要的任务。合理的植物搭配不仅可以美化环境，提升乡村的生态效益，也能反映出乡村的文化特色。下面笔者将介绍在乡村景观设计中植物选择与搭配的一些方法。

第一，考虑植物的地理和气候适应性。在不同的地理环境和气候条件下，适宜种植的植物种类会有很大差异。因此，在选择植物时，应优先选择适应当地气候和土质的植物。例如，在湿润的南方地区，可以选择水稻、茶树、竹子等喜湿的植物；在干燥的北方地区，可以选择抗旱、耐寒的植物，如小麦、松树、柏树等。

第二，注重植物的功能性搭配。乡村景观设计中的植物不仅要考虑其观赏性，也要考虑其实用性。例如，可以种植一些果树和蔬菜，既可以供居民采摘，也可以美化环境；或者种植一些草本植物，可以防止水土流失，保护环境。

第三，充分利用植物的生长习性和季节变化。不同的植物其生长习性也不同，有的喜阳，有的耐阴；有的喜湿，有的耐旱。在设计植物搭配时，应考虑这些因素，合理布局。同时，也要考虑植物的季节变化，尽可能选择四季常绿或者花期长的植物，以保证全年都有良好的景观效果。

第四，创造丰富的视觉效果。可以通过选择形态各异、色彩丰富的植物，创造出丰富多彩的视觉效果。例如，可以选择形状美观的乔木和灌木，通过高低错落的布局，形成立体感强的风景线；可以选择颜色鲜艳的花卉，通过色彩的搭配，形成视觉上的焦点。

第五，突出乡村的文化特色。乡村景观设计中的植物搭配也应体现乡村的文化特色。例如，可以选择具有地方特色的植物，如南方的竹子和北方的松树；也可以选择具有文化象征意义的植物，如象征吉祥的牡丹和象征长寿的松柏。

第六，考虑植物的养护需求。在选择植物时，还需要考虑其养护需求。一般来说，选择适应力强、易于管理、病虫害少的植物，可以降低养护成本，保持景观的持久美观。

第七，保护和提升生物多样性。在植物搭配中，应尽可能选择多样化的植物种类，包括本地的原生植物和其他适应当地环境的植物，以保护和提升生物多样性。

第八，创新和实验。在选择和搭配植物的过程中，可以尝试一些新的植物种类和新的搭配方式，以创造独特的乡村景观。这些创新和实验可以来自对传统植物搭配方式的理解和拓展，也可以来自对新的生态设计理念和技术的探索。

第九，响应社区需求。在乡村景观设计中，植物的选择和搭配应当充分考虑到社区居民的需求和期望。例如，可以种植一些果树和蔬菜供居民采摘，种植一些草木植物供居民采草，或者种植一些草药供居民采药；同时，还可以考虑社区居民的观赏需求，选择一些花期长、色彩丰富的植物，以提高社区的生活品质。

第十，维持生态功能。在乡村景观设计中，植物的选择和搭配应当考虑到生态功能的维持和提升，如防止水土流失、改善微气候、提供野生动物的栖息地等。这就需要选择一些具有这些功能的植物，如能够固定土壤的草本植物，能够提供食物和栖息地的果树和灌木等。

第十一，遵循美学原则。在植物的选择和搭配中，还需要遵循一定的美学原则，如色彩的和谐、形态的对比和平衡、空间的节奏和动态等。这就需要设计师具有良好的审美眼光和丰富的设计经验。

总的来说，乡村景观设计中的植物选择与搭配是一项需要综合考虑多种因素的工作，包括地理和气候条件、植物的生态和实用功能、季节变化和生长习性、视觉效果和文化特色、植物的养护需求、生物多样性、社区需求、生态功能以及美学原则等。只有综合考虑这些因素，才能设计出既美观又实用，既具有生态效益又富有文化特色的乡村景观。

第二节　乡村树木的配置形式

树木配置就是按树木生态习性和绿地布局要求，合理配置绿地中各种植物（乔木、灌木、花卉、草皮和地被植物等），以发挥它们的园林功能和观赏特性。树木配置是乡村景观设计的重要环节，包含两个方面：一方面是各种树木相互之间的配置，考虑树木种类的选择，树丛的组合，平面和立面的构图、色彩、季相以及园林意境；另一方面是树木与其他园林要素如山石、水体、建筑、园路等相互之间的配置。

一、乡村树木配置的原则

乡村树木的配置需要遵循一些基本原则，以使其既满足环境保护的要求，又能带来经济效益，同时还符合乡村风貌的特点。以下是一些基本的配置原则。

（一）本地化原则

选择适应当地气候、土壤的树种，这样的树种更易生长和繁衍，对环境适应性强。本地化的树种还能更好地融入乡村的自然风貌中，增加乡村的特色。

（二）经济价值与生态价值结合原则

在选择树种时，应考虑其经济价值和生态价值。一方面，选择具有经济价值的树种，如果树、经济林，可以为乡村带来经济收入；另一方面，选择具有生态价值的树种，如防风固沙的树种、保护水源的树种，可以保护和改善乡村的生态环境。

（三）多样性原则

应保持树木种类的多样性，以增强乡村生态系统的稳定性和抵抗性。多样性的树木配置还可以满足不同的使用需求，如观赏、采摘、木材利用等。

（四）层次性原则

乡村树木的配置应形成多层次的林木结构。上层可以配置大型乔木，中层可以配置小型乔木和果树，下层可以配置草本植物和灌木。这样的层次性配置可以最大化利用空间，提高生产效率，还能提供丰富的生物多样性。

（五）景观化原则

考虑到乡村旅游的发展，树木的配置应考虑其景观价值。选择形态优美、色彩艳丽或季节变化明显的树种，可以增加乡村的观赏价值，吸引游客。

（六）可持续性原则

在配置树木时，应考虑其可持续性。选择生长速度适中、易于管理和维护的树种，可以减少管理成本，保证长期的经济和生态效益。

乡村树木的配置是一个系统工程，需要根据实际情况，灵活运用以上原则，才能实现最佳的配置效果。

二、乡村树木的配置形式

（一）孤植

孤植指乔木或灌木的孤立种植类型，此树又称孤植树。孤植树作为局部空间的主景，供人观赏。同时，还可以起到庇荫且供人休憩的作用。在设计中多处于绿地平面的构图中心和园林空间的视觉中心而成为主景。孤植并不意味着只能栽一棵树，为增强其雄伟感，2～3株同种树紧密地栽在一起，可形成一个单元，但株距不超过1.5米，且孤植树下尽量不要配植灌木，能够使远观效果与单株保持一致。

1.功能

孤植作为局部空旷地段的主景，用以反映自然界个体植株充分生长发育的景观，突出个体美，如奇特的姿态、丰富的线条、浓艳的花朵、硕大的果实等。它也可以起到引导视线的作用，并可以烘托建筑、假山或活泼水景，具有强烈的标志性、导向性和装饰性。

2.树种选择要求

（1）形体大而美，树冠开阔、姿态优美、挺拔繁茂、雄伟壮观、轮廓鲜明。

（2）有其他特殊观赏价值，或花果繁茂，或秋叶鲜艳。

（3）生长健壮、寿命长，能经受重大自然灾害，多选用当地乡土树种中久经考验的高大树种。

（4）树木不含毒素，没有带污染性并易脱落的花果，以免伤害游人。如银杏、槐树、枫香、榕树、香樟、悬铃木、白桦、无患子、枫杨、七叶树、雪松、云杉、桧柏、元宝枫、鸡爪槭、乌桕、樱花、紫薇、梅花、广玉兰、柿树等。

要形成孤植景观还必须满足以下两个条件：一是要求树形优美、姿态奇异；二是孤植树的周围要有一定的空旷地段。

3.配置要求

（1）种植地点应比较开阔，不仅要有足够的生长空间，而且要有比较合适的观赏距离和观赏点。

（2）最好有天空、水面、草地等色彩既单纯又有丰富变化的景物作背景衬托，以突出孤植树在形体、姿态、色彩方面的特色。

（3）可种植在开阔的草地、河边、湖畔、高地或山冈上，也可种植在公园前广场的边缘以及园林建筑组成的院落中。

（4）在自然式园林中可作为焦点树、诱导树种植在园中道路或河道的转折处，假山蹬道口及园林局部的入口部分，诱导游人进入另一景区。

（二）对植

对植指用两株树按照一定的轴线关系作相互对称或均衡的种植方式。对植以相互呼应的形式种植在轴线的两侧。

1.功能

（1）对植用于强调公园、建筑、道路、广场、桥头的入口。

（2）装饰美化，构图上构成配景和夹景。

（3）庇荫、休息。

（4）突出气氛。

2.种植形式

（1）两株对植

两株对植是将树种、体量及姿态相似的乔灌木配植在中轴线两侧。

（2）多株对植（列植）

多株对植是两株对植的延续和发展，可单行也可多行，可一种树也可多种树。常用于绿篱、行道树、树阵、防护林带等。

（3）对称种植

第一，规则式：同一树种、同一规格的树木依主体景物的中轴线作对称布置，采用树冠整齐的树种。

第二，自然式：不对称，但均衡。自然式园林的进口两旁、桥头、蹬道石阶的两旁、河道的进口两边、闭锁空间的进口、建筑物的门口，都需要有自然式的进口栽植和诱导栽植。

（三）丛植

丛植通常是由2~19株乔木或乔灌木组合种植而成的种植类型，作为园林绿地中的重点布置，反映树木群体美。配置在自然植物、草地、草花地，也可配置在山石或台地。选择丛植树要求在庇荫、树姿、色彩、芳香等方面有特殊价值。

1.丛植的类型

（1）单纯树丛

庇荫的树丛最好采用单纯树丛，一般不用灌木或少用灌木配置，通常以树冠展开的高大乔木为宜。

（2）混交树丛

构图艺术上的主景（宜用针阔叶混植的树丛，配置在大草坪中央、水边、河畔、岛上、土丘山冈上、庭园中，与岩石组景设置在粉墙前、走廊和房屋的角隅组成树石小景）、主景的诱导（多布置在进口、路岔、道路弯曲部分，把风景游览道路固定成曲线，诱导游人按设计安排的路线，欣赏丰富多彩的园林景色；也可作小路分歧的标志或林荫小路的前景，达到峰回路转又一景的效果）、配景用的树丛，多采用乔灌木混交树丛。

2.配植形式

丛植的配植形式有两株丛植的配合、三株丛植的配合、四株丛植的配合及五株丛植的配合等。

（1）两株丛植的配合

两株植物配合成树丛时应该注意的问题：①既要有调和又要有对比；②形态差距过大的两种树木不能配置在一起；③二者无相通之处的不协调；④最好采用同一树种，但在大小形态、高低上又不能完全相同；⑤

两株一丛，必一俯一仰、一欹一直、一向左一向右、一平头一锐头，两根一高一下；⑥两树间的距离要不大于两树冠平均直径的二分之一。

（2）三株丛植的配合

三株植物配合成树丛时应该注意的问题：①如果是两个不同的树种，最好同为常绿树或落叶树；②同为乔木或同为灌木；③最多只能用两个不同的树种；④两株宜近、一株宜远以示区别，近者曲而俯，远者宜直而仰；⑤三株不宜结，亦不宜散，散则无情，结则是病；⑥树木的大小、姿态要有对比和差异；⑦不能在一条直线上，也不能等边三角形栽植，距离要不等；⑧最大的一株和最小的一株要靠近，而中等的一株要远些。

（3）四株丛植的配合

四株植物配合成树丛时应该注意的问题：①通相——最多只能应用两种不同的树种，而且必须同为乔木或同为灌木，此外，若外观极为相似，可以有两种以上；②殊相——树种完全相同时，在体形上、姿态上、大小上、距离上、高矮上应力求不同；③任意三株不能种在一条直线上；④不能两两组合，平面布局最好为不等边三角形或不等角不等边四边形；⑤最大的一株要在集体的一组中；⑥单独的一种植物不能最大，也不能最小。

（4）五株丛植的配合

五株植物配合成树丛时应该注意的问题：①通相——同种组合，每株树的体形、姿态、动势、大小、栽植距离不同。②最理想的组合是“3+2”的模式，即三株一小组、两株一小组，如果按照大小分为5个号，三株的小组应该是1、2、4成组，1、3、4成组或1、3、5成组。总之，主体必须在三株的一组之中。③三株小组与三株树丛相同，两株小组与两株树丛相同。④“4+1”组合时，单株树木不要最大的，也不要最小的。两小组距离不宜过远。⑤“1+4”组合时，即有两种植物，且两株的种应放一个单元中。⑥“2+3”组合时，即有两种植物，但不能同种的三株放在同一单元中。

3.六株以上配合成树丛

六株以上配合成树丛时应该注意的问题：①五株既熟，则千株万株可以类推，交搭巧妙，在此转关；②株数愈少，树种愈不能多用；③10～15株以内时，外形相差太大的树种，最好不要超过5种。

（四）群植

群植是指成片种植同种或多种树木，常由二三十株乃至数百株的乔灌木组成，可以分为单纯树群和混交树群。单纯树群由一种树种构成，而混交树群是树群的主要形式，树群数量一般在二三十株以上，主要表现群体美，观赏功能与树丛近似。此外，树群也是构图上的主景。

群植时应该注意以下问题：①群植应作为构图的主景。②配置在开敞场地上，如靠近林缘的大草坪、宽广的林中空地、水中的小岛屿、宽广水面的水滨、小山坡上等。③树群主立面的前方，至少在离树群高度的4倍、树宽度的1.5倍距离上，留出空地，以便游人欣赏。④规模不宜太大，构图上要四面空旷；采用郁闭式、成层的结合。⑤单纯树群可以应用宿根花卉作为地被植物。⑥混交树群可分为乔木层（选用的树种树冠的姿态要特别丰富，使整个树群的天际线富于变化）、亚乔木层（最好是开花繁茂，或是有美丽的叶色）、大灌木层（以花木为主）、小灌木层、多年生草本（以多年生野生花卉为主）。其中每一层都要显露出来，显露的部分应是该植物观赏特征突出的部分。高度采光的乔木层应该分布在中央，亚乔木在四周，大灌木、小灌木在外缘。⑦栽植距离要疏密变化，构成不等边三角形，切忌成行、成排、成带地栽植。常绿、落叶、观叶、观花的树木应用复层混交及小块混交与点状混交相结合的方式。⑧树群的外貌要高低起伏有变化，要注意四季的季相变化和美观。

（五）列植

列植是指乔灌木按一定的株行距成排种植，或在行内株距有变化。列植有单列、双列、多列等类型。可布置在规则式园林绿地和自然式绿地中，也可布置在比较整形的局部，多用于道路、地下管线较多的地段、公路、铁路、城市广场、大型建筑周围、防护林带、水边种植等。列植宜选用树冠体形比较整齐的树种，形成的景观比较整齐、单纯、有气势，可起到夹景的效果。此外，其种植行距一般乔木为3～8米、灌木为1～5米；列植树木要保持两侧的对称性，平面上要求株行距相等，立面上树木的冠径、胸径、高矮则要大体一致。当然，这种对称并不一定是绝对的对称，如株行距不一定绝对相等，可以有规律地变化；列植树木形成片林，可作背景或起到分割空间的作用，通往景点的园路可用列植的方式引导游人视线。①

（六）林植

凡成片、成块大量栽植乔灌木，构成林地或森林景观的称为林植或树林。林植一般株数在100以上，面积1亩以上。多用于大面积公园安静区、风景游览区或休息区、疗养区、卫生防护林带。

1.林植的功能

（1）构成风景林。

（2）开辟森林公园。

（3）建设休、疗养院。

（4）建设防护林。

（5）分割空间。

（6）作为大型建筑的背景。

①高少洋，马云．乡村景观植物群落设计探究[J]．山西林业，2021（06）：40-41.

2. 林植的类型

按树种组成分，可分为单纯树林和混交树林；按郁闭度分，可分为疏林和密林。

第一，疏林。疏林常用于大型公园的休息区，并与大片草坪相结合，形成疏林草地景观。疏林的郁闭度一般为0.4~0.6，而疏林草地的郁闭度可以更低，通常在0.3以下。常由单纯的乔木构成，一般不布置灌木和花卉，但留出小片林间隙地，在景观上具有简洁、淳朴之美。疏林草地是园林中应用最多的一种形式，不论是鸟语花香的春天还是浓荫蔽日的夏天，游人总是喜欢在林间草地上休息、游戏、观景等，即使在白雪皑皑的严冬，疏林草地内仍然别具风味。

疏林还可以与广场相结合形成疏林广场，多设置于游人活动和休息使用较频繁的环境。树木选择同疏林草地，只是林下作硬地铺装，树木种植于树池中。树种选择时还要考虑具有较高的分枝点，以利于人员活动，并能适应因铺地造成的不良通气条件。

第二，密林。密林一般用于大型公园和风景区，郁闭度常在0.7~1.0，阳光很少透入林下，土壤湿度很大，地被植物含水量高、组织柔软脆弱，经不起踩踏，容易弄脏衣物，不利于游人活动。

为了提高林下景观的艺术效果，密林的水平郁闭度不可太高，最好在0.7~0.8，以利于林下植被正常生长和增强可见度。为了能使游人深入林地，密林内不可以有自然路通过，但沿路两旁垂直郁闭度不可太大，游人漫步其中犹如回到大自然中，必要时还可以留出大小不同的空旷草坪，利用林间溪流水体，种植水生花卉，再附设一些简单的构筑物，以供游人短暂休息，更觉意味深长。

密林又有单纯密林和混交密林之分。在艺术效果上各有特点，但是从生物学角度来看，混交密林比单纯密林好，故在园林中单纯密林不宜太多。

单纯密林由一种树种组成，它没有垂直郁闭的景观，没有丰富的季相变化。为了弥补这一缺点，可以采用异龄树种造林，结合利用起伏地形的变化，同样可以使林冠得到变化。林区外缘还可以配置同一树种的树群、树丛和孤植树，增强林缘线的曲折变化。林下配置一种或多种开花华丽的耐阴或半耐阴草本花卉，以及低矮、开花繁茂的耐阴灌木。单纯林植一种花灌木也可以取得简洁壮阔之美。从景观角度，单纯密林一般选用观赏价值较高、生长健壮的适生树种，如马尾松、油松、水杉以及竹类植物等。

第三节 乡村植物的规划布局

在美丽乡村建设的浪潮中，各地开始重视整治乡村环境卫生、保护和优化乡村的景观面貌、建设乡村景点、挖掘乡村文化，并注重乡村景观元素的多样化应用，健身器材、垃圾箱和宣传美丽乡村文化的广告牌等元素逐渐出现在村头巷尾，成为乡村一道亮丽的风景线。美丽乡村建设给人们的生活带来了极大的便利，但是也还存在一些问题，比如一些设施并不符合当地群众的实际需求，处于闲置状态；在植物景观配置方面缺乏特色创新，大量的植物景观设计过于精致，与当地的文化不能很好地衔接，显得有些突兀，缺乏整体美。

一、乡村植物景观的概念和特点

乡村植物这一概念并没有成文的规定，在这里定义为能够代表乡村文化、乡村特色的植物元素，共同表达出新型美丽乡村建设下的乡村植物景观。乡村植物具有较强的自然性、文化性、生产性，这些特点代表着乡村植物景观向着多元化方向发展。乡村植物景观由经常容易见到的一些乡村植物构成，以乡村的植物为研究对象，根据乡村植物的特色及属性进行差别性的具体构造，将其恰当地融合到美丽乡村建设的工程中来。

乡村植物规划布局是指在乡村区域内，根据地域特点、生态环境、农业生产需求等因素，对植物种类、数量、分布进行合理规划，以达到美化环境、保障生态平衡、促进农业发展等目的。植物规划布局对于乡村可持续发展具有重要意义。

二、乡村景观植物规划布局的原则

（一）适应性原则

在进行乡村景观设计时，所选植物的种类应充分考虑地域性、气候条件、土壤类型等因素，选择适应性强、生长迅速、生态效益高的植物种类。这样的植物不仅能在当地环境中茁壮成长，而且能为生态系统带来积极的贡献，如改善土壤结构、提供动物栖息地等。

（二）多样性原则

在选择植物种类时，应注重多样性，包括树木、灌木、草本植物等多种类型，形成丰富的植被结构，提高生态系统的稳定性和自我修复能力。多样性的植物配置可以提升景观的视觉吸引力，同时也有助于维护生态平衡。

（三）景观美学原则

植物规划应注重景观美学，根据地形、水系、道路等要素，合理配置植物种类和布局，创建出优美的乡村景观。这包括选取季节变化鲜明、形态各异的植物，以及根据视线和空间结构进行植物的布局。

（四）生态保护原则

在进行乡村景观设计时，应尽可能保护乡村原有的植被，避免对生

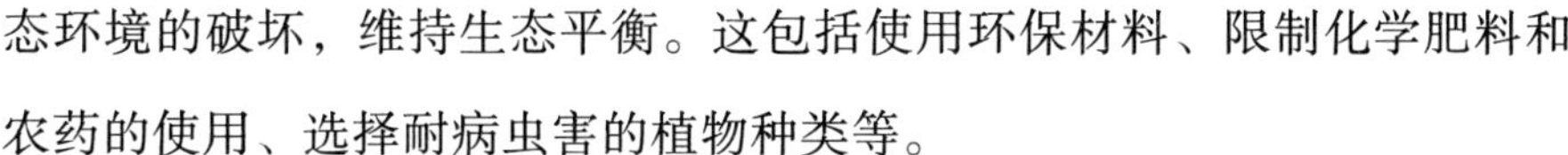

态环境的破坏，维持生态平衡。这包括使用环保材料、限制化学肥料和农药的使用、选择耐病虫害的植物种类等。

（五）经济效益原则

在进行乡村景观设计时，应结合农业生产需求，选择具有较高经济效益的植物种类，如果树、草药、观赏植物等，以促进农民增收、乡村经济发展。

（六）人文历史原则

在进行乡村景观设计时，应充分挖掘乡村的历史文化遗产，选择具有地域特色和历史意义的植物种类，以体现乡村的文化内涵和历史记忆。

（七）可持续性原则

在进行乡村景观设计时，应考虑到长远的发展，确保植物资源的可持续利用。这包括选择耐旱、耐寒、耐盐碱的植物种类，以适应气候变化的挑战，同时也要考虑到植物的采摘和更新问题，以保证景观的持久美观和生态的持续健康。

三、乡村植物的规划布局形式

（一）平面构图

根据树木配置数量的由少到多，平面布置可分为以下五种类型。

1. 两株种植

树木的配置构图上符合多样统一的原理，既要有调和又要有对比。要有统一，即可利用相同的树形、色、态的统一。要有变化，即可运用树体大小的变化、种植方式的变化等。

2. 三株种植

三株种植可选同一树种，也可用两种不同树种，但最好同为常绿树或同为落叶树。同一树种忌三株成一线或成等边三角形种植，同时忌用三个不同的树种。

3. 四株种植

四株种植时，用一个树种或两种不同的树种，但必须同为乔木或同为灌木。同一树种姿态不同，忌正方形，而以呈不等边四边形者为最佳。四株种植不能种在一条直线上，要分组栽植，但不能两两组合，也不要任何三株成一直线。

4. 五株种植

五株同为一个树种的组合方式，每株树的体形、姿态、动势、大小、栽植距离都应不同。

5. 树丛（树群）

树木的配置株数越多越复杂，就犹如把黄豆撒在地上作适当调整产生自然灵活的植物景观，关键在于在调和中求得对比的差异，差异中要求调和，所以株数越少，树种越不能多用，且多用常绿树种。

6. 植物平面布置要点

植物平面布置要点如下：①形成整体：无论数量多少，在平面布置上要寻找植物间的内在联系，处理成有机结合的整体，切忌随意散植。②要有重点：在组合成的植物“整体”中，要有重点、有陪衬，以形成视觉的焦点。③相互渗透：不同的植物种类或植物类别不能分别栽植，要相互穿插与渗透，形成内在关联。④合理搭配，有机协调，主次分明。

（二）立面构图

在立面构图中，可采取以下几种植物配置手法，通过立面的变化将植物景观的立面构图表现出来。

1. 统一与变化

统一变化即多样中求统一、变化中求统一。相同种类的群体可以通过高低不同的形体来产生变化，相同形体的群体可以通过不同的类型来产生变化，多种树不同姿态、色彩统一。在城市的树种规划中，分为基调树种、骨干树种和一般树种。基调树种种类少，但分量大，相同种类的群体形成城市的基调及特色，起到统一的作用；而一般树种，则种类多，每种量少，起到变化的作用。①

2. 协调与对比

协调对比即在多个有差异的事物中寻求统一，协调个体之间的差异。运用植物的不同形态，运用高低远近、叶形花形、叶色花色果色等对比手法，表现一定的艺术构思，衬托出美的生态景观。在树丛组合时，要注意相互间的协调，不宜将形态、姿色差异很大的植物组合在一起。植物景观设计要注意相互联系与配合，体现调和的原则。缺乏协调的对比过乱，缺乏对比的协调过于沉闷。等同的大小、高低、姿态的变化可构成协调与对比的统一。

3. 动势与均衡

各种植物的形态不同，有的比较规整，如石楠、桂花等；有的则有一定的定势，如垂柳、竹子、松等。这种定势体现出植物一定的动势，似乎是在一种运动的状态下生长的，比较典型的如黄山的迎客松。在设计时要讲求植物在不同的生长阶段和季节的变化，调和植物的动态生长。

将体量、质地各异的植物种类按均衡的原则配植，景观就显得稳定、顺眼。如粗枝干、数量多、体量大的植物种类给人以稳定的感觉，而细枝干、数量少、体量小的植物种类给人以轻巧的感觉。

4. 节奏与韵律

园林植物景观的空间和纵向的立体轮廓线的处理非常重要，应做到

①丁云峰，王玥. 浅析寒地乡村景观设计中植物的配置与应用原则[J]. 工业设计，2021（03）：99-100.

高低搭配、有起有伏，产生节奏韵律，避免布局呆板。例如，利用林冠线、林缘线的起伏产生有节奏的变化韵律；植物配置不同形状、大小、种类的变化组合，同时考虑水平和垂直两个方向上的有节奏的变化，形成韵律；林缘线前后错落，产生半封闭、开放变化的空间，利用空间的变化产生节奏韵律。

第六章　乡村景观设计的未来展望

第一节　乡村景观设计的驱动力

乡村仅仅是一个相对的概念，它是一个相对于同一时期的各个城市来说的一个地理区域，并且这个地理区域正处于不停的发展和变化之中。多年来，农耕文明作为乡村景观存在的基础，以农业生产为目的的乡村发展非常缓慢，一直处于相对稳定的状态。然而由于农业现代化、乡村城镇化、人口流动等因素，乡村景观的形态、规模和理念都开始发生重大的变化。

随着我国社会经济发展，以往那种人口密度较低和以传统农业生产和活动方式形成的乡村观念已经远远不能包容当代乡村。随着我国城市化的深入推进，传统的乡村性质逐渐被淡化，聚落由乡村式向城镇型转变。另外，现代农业的发展，农业生产模式的转化也造成农业生产景观的变迁。目前我国乡村正处在一个变化的、多元的、复杂的新时代，因

此，对影响乡村景观设计的驱动力进行研究有着重要的意义。①

一、城市化进程的推动

我国城镇化进程的加速，使得我国现代化城市和中心社会城市地区及其附近郊区已被串联成一个庞大的整体，现代城市已经不是传统意义上的城市了。城市文化景观建筑是被现代社会人类所利用，改造较为彻底的一种新型城市文化景观，城市特别是大城市，从广泛意义上来说包括了其周围的乡村，将市区与其周边乡村进行整体规划就已经成为现代城市建设的主要内容，即城乡一体化。合理地对郊区及近郊乡村景观进行规划，把城市景观与乡村景观有机结合起来并加以开发利用，是我们必须研究和探讨的课题。

在以往的城市规划和建设中，我们最为注重的是对于一个城市（乡镇）地区或者小村庄范围内的整体景观进行规划和设计，如街道、居住区、公园、商业区、广场等。而对于乡村景观及资源还缺乏充分的认识和利用。现在针对乡村景观进行合理的规划、有效的开发，建设美好的农村人居生活环境，使城市景观与乡村景观有机融合、相互渗透，已经成为现代城市景观规划的发展趋势。

乡村不但能够为当地居民提供粮食蔬菜、生活场所，也可以为当地居民提供丰富的风光景观旅游资源与休闲场所。成片的农田、果园、林地、水系、鱼塘等都对改善当地的自然生态环境起到了重要作用，应把乡村景观列为景观资源予以开发、利用和保护，以实现景观资源的可持续利用。

从我国现代社会的发展趋势分析来看，城市与乡村特别是在发达地区，二者在文化、生活水平等各个方面存在的差距正在缩小，而在居住条件和环境方面却仍然存在着很大的不同。乡村闲暇、恬静、清新的田

①龙岳林，何丽波．乡村产业景观规划[M]．长沙：湖南科学技术出版社，2021.

园环境正是生活在繁忙、嘈杂的都市中的人们所追求的。因此，我们应该合理规划、利用并充分保护这些乡村风光景观，使之具有促进农业生产、改善环境、旅游休闲度假等诸多作用。

风景旅游娱乐功能、经济生产功能和环保功能都是乡村景观的重要性发展目标，许多城乡规划师已经意识到这一重要性，而且许多大中型城市针对乡村景观进行的规划和综合开发利用也已经凸显其成效。例如，充分利用当地的乡村景观资源搭建乡村农家乐园、乡村水果花卉园；在城市周围所营建的近郊公园、森林公园、湿地公园、自然保护区等已经发展成为城镇人们休闲、观光、旅行、疗养、度假、露营的好去处，同时，这些建成的绿地资源在生态平衡和物种多样性上也具有重要意义。

值得注意的是，在乡村景观建设和发展过程中会出现一些城市化现象，如建设者往往为了短期利益，在这些区域内建一些与周围环境极不协调的建筑物、构筑物、娱乐设施，从而破坏了乡村整体景观的和谐，这些现象在开发建设中应予以制止。

二、农业景观的兴起

作为农业大国，农业种植在我国有着无可替代的地位。“美丽乡村”发展建设政策的提出，不仅仅是说乡村的外在美，更是美在建设、美在发展。发展农业景观，顺应了国家大力支持农业的政策，提升了乡村经济水平，增加了农作物产量，将乡村绘制成一幅幅美丽的画卷。发展以农业景观为核心的乡村景观在生态环境效应、经济效应以及社会效应等方面都具有重大意义。

（一）生态方面：人与自然和谐共生

当今社会，我们赖以生存的这个世界正在持续上演着一场场令人关心和担忧的灾难，全球范围内的变暖、雾霾、地震、海啸、洪涝、干旱等接连而至，各种环境污染对生态系统与环境造成了严重破坏，整个地球充斥着各种不同的疮疤，人们越来越渴望优美的生活环境，加上现代的大多数风光景观也越来越多地趋向于科技化和产品工业化，人们急需寻找一个安宁的空间及一种能够使其与自然融洽相处、共生和谐的生活模式。乡村的农业风光景观能够带给人们这样的安详，让人们能够真切地体验到人与自然的和谐融合、相互依存，可以做到对于生物多样性的保护及对于优美生态环境的再造。我国的哈尼梯田特色农耕文化景观，历经千年沧桑依然美丽如故，这正是哈尼文化与自然环境和谐发展、共生共荣的写照。农业景观本身注重的是农业土地生产方式，以生态性的建设为核心，合理全面规划，而不是单纯“临摹”城市景观建设方法，这对于保护乡村环境具有重大的意义。

（二）经济方面：以景治贫，提升经济发展

大力发展农业景观，推动区域进步，拉动当地经济发展总量的同时带动当地居民就业。当地居民就地就业机会增多，自然就减少了外出务工，同时就业岗位的增多还可能会吸引外地人才，为当地的传统经济发展注入新的血液。如今，农业景观特有的美丽田园风光再加上当地的人文特征，使许多欠发达地区借助于农业景观，带动了自身经济的强劲增长，村民们实现了脱贫致富。这样做既带来了环境效益，又促进了经济效益。民居、各种优美的自然景观、清新鲜明的空气、澄亮明净的水源、淳厚优雅的民俗和传统风格，再加上如诗似画的田园风光、各种丰富多样的蔬菜和农副产品、纯天然食品等，都是农业景观的名片。这对于农村，尤其是一些经济欠发达的地区，有着非常重大的意义，为农村地区经济的发展带来了无限的空间和商机。例如，北京大兴区的留民营村，在20世纪80年代前，整个村庄都处于欠债状态，呈现的也是“下雨水汪汪，天晴白茫茫”的破败景象，而现在人均收入高、自然环境

好，被联合国环境署授予“中国生态第一村”称号。其成功得益于对农业景观的大力发展与应用，将生态农业与生态旅游业融合为生态村。

（三）社会方面：加快新农村建设

社会意义主要在于社会影响力与社会促进。我们所说的“生态”，一方面指的是自然环境的绿色，另一方面指的是受经济增长带动而需求逐步提高的社会环境，是“乡风文明”的基本要求。发展和建设乡村农业景观对于农村地区尤其是偏远地区来说，是加快新农村建设步伐的重要内涵和延伸，是最好的发展机遇和途径，对我国社会的长治久安也将起到很大的促进作用。美丽的风景对人的身体与思想都有益无害，可以排除思想和精神中的负面因素。英国著名园林设计师、规划师和教育家麦克哈格说过：“阳光、大海、鲜花盛开的果园……对于精神和肉体是起作用的。”因此，发展农业景观对于身心愉悦、身体健康、社会安定等都有很大作用，可以实现社会效益的发展。

三、非农经济的兴起

我们认为“乡村非农化”就是泛指乡村非农产业的蓬勃兴起和发展，它将推动整个乡村经济的发展和社会变革。我国乡村非农化的根本特点表现在乡村地区的经济生活总产值中非农产业总资源占比不断扩大，以及在乡村居民的劳动组织构成中，从事非农产业的人数逐步增加。显然，与一般意义上的乡村工业化相比，乡村非农化的领域较为深入，其领域的主导能力不仅仅局限在乡村工业和建筑行业等地区，还涉及交通运输业、商贸、饮食服务业等乡村第三产业。可以肯定，乡村工业化虽然是乡村非农化发展的内在核心，但对于乡村第三产业的高度重视与培育，既是新形势下乡村工业化建设的必然需要，又是乡村非农化发展的本质需要。

目前我国乡村非农化最早萌芽于20世纪五六十年代，发端于70年代末。80年代以来的我国改革和对外开放，以乡镇企业为首要生产者的非农副食品产业，突破了对农业资源的限制，势如破竹地促使我国的农村经济开始由传统的自然经济向商品经济转型。到90年代，乡村非农化的程度越来越高，作用也越来越大。目前，有一些专家学者把发展乡镇企业的积极作用主要归结为以下几点：第一，为其他边远地区的乡镇农业土地剩余劳动力发展提供了很多新的工作岗位。第二，走出了一条完全具有中国特色的现代新型农村经济产业化之路。第三，发展壮大了农村集体经济，改变了农村社会面貌。

随着科技的发展与社会财富累积，人们的工作和劳动时间不断缩短，收入也得到不断提高，各种节假日日益增多，人们可以拥有更多的空闲时间去休息和尽情享受。乡村旅游的休闲性与参与性也越来越突出，乡村旅游由此拥有了更为广阔的市场。同时，广大的乡村尤其是不发达地区的农村工业发展是极其有限的，其乡村现代化进程滞后却使乡村原本的自然景观、文化传统、民风民俗改变不大，拥有发展乡村旅游得天独厚的优势。乡村旅游业的开发，不仅满足人们日益增长的个性化旅游需求，也为乡村非农化和乡村振兴带来了新的契机。

首先，可以为广大农民创造更多的劳动就业机会，增加收入。世界旅游组织的统计数据和市场测算分析结果显示，旅游服务行业每直接增加1个新兴旅游产品的就业机会，就有可能给社会公众带来5个新兴旅游产品的直接就业。北京市房山区下英水村银狐洞旅游资源综合利用开发就是典型的成功案例：位于京郊西北部深山区的下英水村曾经是京郊有名的贫困村，人均只有几分的山坡地，靠天吃饭，年景最佳时人均年收入也不足500元。1991年当地人发现银狐洞并对其进行旅游开发，成功改变了贫穷的面貌，从1992年9月银狐洞旅游试运行到1997年正式开放，全村居民的年平均收入首次超过1800元，80%的农村人口和富余劳动力开始致力于开展旅游活动，生活发生了根本性变化。如今，银狐洞成了被社会所承认的雅俗共赏的旅游地，也是更新旅游产业观念的良好范例。

其次，可促进非农产业结构的改变，实现农村产业多元化。旅游业是一个需要许多部门的支持与配合才能发展的产业，反过来，它又可以促进和带动许多部门与行业的发展。例如，张家界开发的湖南乡村文化旅游无疑能够直接有效带动湖南省乡村旅游交通运输、乡村餐饮文化服务和乡村民俗文化旅游休闲与体育娱乐等多个旅游行业的繁荣与快速发展，从而彻底改变当地乡村第三产业薄弱的客观局面，使得张家界从一个名不见经传的落后贫穷山区转而快速发展成为一个享誉国内外的乡村旅游重点目的地，也就是说其得益于湖南乡村文化旅游业的繁荣与快速发展，在其积极实施全省乡村文化旅游重点项目研究开发的同时，也充分利用当地的旅游资源，将其成果进行研究总结："旅游+公司+基地+农户"的经营特色是采用农村立体旅游生态产品和农业一条龙的旅游产业化融合发展经营模式，使得农村旅游立体生态休闲旅游业、旅游食品加工业、旅游立体生态农业相互联动、融合协调发展，整体效益非常理想。

最后，有利于不断加强对当地乡村生态环境的治理保护，实现乡村旅游业的健康可持续发展。一个干净、优美的乡村休闲度假空间和旅游环境将成为促进乡村文化旅游业健康持续发展的重要依据。因为现在我国促进农村文化旅游地区特色文化产品发展需要的整体形成必须以两个因素为主要基础：一是我国农村旅游地区的每个城镇居民对于自然界的真切热爱；二是乡村农业和其他乡村旅游区域未曾受到任何污染的自然生态环境。二者缺一不可。在以往的乡村非农化过程中，作为先驱的农村工业大都以本土某种富裕资源的开发和廉价出卖为主，且这种资源大都是不可再生的；另有一些则以出卖当地的空间资源为主，在低微盈利的背后是无限的生态环境代价。显然，这类产业的前向与后向联系均不在本土，自然短命，且会留下无穷后患。而乡村旅游特色产品从其研发、生产到销售都在当地进行并完成，它的主要生产原料之一便是保护好人与自然和谐发展的乡村生活环境，甚至直接以保护和取材于人们长期积累起来的直观空间和物质的表现形式，如基塘农业“林寨田”和梯田生态。很明显，这种农业生产方式是完全可以循环再生的，它与农民和乡村的生态系统、空间环境同呼吸，与人类赖以生存的农业基础共命运。伴随着我国乡村城市化进程而出现的大型都市观光农业正在向我们揭示人、都市和自然之间的和谐，要想有效地保持我国乡村旅游市场经营运作的长期和持久性，就必须引起高度重视并坚持乡村旅游生态系统的长期和持久性，这便与可持续乡村旅游的发展理念同归一途。通过推动乡村旅游产品和服务的规范化开发，可以把国家经济可持续发展的理念贯彻落实到我国现代农业经济的发展、乡村经济的发展和我国乡村生态城市化的进程中，以更好地营造和维护清洁、优美的乡村生态环境，使得旅游者能够在参观乡村生态良性循环“人地系统”后得到美的感悟，并且积极接受环境的教育，从而提高和增强自觉保障和维护社会可持续发展的理念。实践证明，乡村的非农化不仅会给乡村经济和社会发展带来直接的影响，而且还推动了乡村聚落的劳动力和生产职能的转变，这也正是促使乡村聚落的景观变迁和更新的驱动因素之一。

第二节　乡村景观设计存在的问题

一、对生态环境重视不足

中国是世界文明古国之一，古代先哲对生活的环境进行了设计与营造。中国的园林艺术、建筑艺术等作为景观的构成形式有着悠久的历史，据文献《诗经·大雅·灵台》记载，西周就有了关于造景的描述：“经始灵台，经之营之。庶民攻之，不日成之。……王在灵囿，麀鹿攸伏，麀鹿濯濯，白鸟翯翯。王在灵沼，于牣鱼跃。”古人通过“经之营之”对于环境进行主观能动的设计，使得灵囿“鹿濯濯”“鸟翯翯”“鱼跃”，好一派和谐的景色。中国木架建筑独特的建筑样式作为世界古建筑之一，在新石器时代就已经开始萌芽。《韩非子·五蠹》中曾经记载：“上古之世，人民少而禽兽众，人民不胜禽兽虫蛇。有圣人作，构木为巢以避群害，而民悦之，使王天下，号曰有巢氏。”中国的景观艺术虽然发展较早，但是发展步履时常因历史等多种原因受到阻碍，1840年以后，西方的强势文化乘虚而入，其景观样式也占据了主导地位。中国的本土文化未能健康发展，景观设计发展一度比较滞后，这种状况在乡村景观设计中显得更加突出。

中国对于乡村景观的研究大约始于20世纪80年代，是随着经济建设而迅速展开的。进行了包括传统农业、乡村地理学和景观生态学等多个方面的广泛研究。80年代末开展了“黄淮海平原乡村发展模式与乡村城镇化研究”，后来又进行了一些生态脆弱地区和城乡交错带景观系统分析和景观生态设计研究。2005年提出建设社会主义新农村之后，全国各地掀起了建设新农村的热潮，但是由于种种原因，出现了这样或那样的问题，我国的景观规划设计水平始终落后于发达国家。

相比西方国家较早对乡村景观有了相对成熟的经验，我国起步晚、经验少的状况使新农村景观规划设计存在很多缺点和不足。

我国的乡村景观规划设计在过去是由农民根据农村当地的气候、地质、文化、植被、生活习俗等因素，被动地考虑生产生活、历史文化等因素而产生的农村景观。这种农村景观的真正“设计师”是农民。当时的“设计师”虽然缺乏对于环境的足够认识和体验，这种景观设计也不是主动的设计，但是却很好地兼顾了生态、文化、可持续发展，对环境的破坏在环境自身修复的范围之内，形成了桃花源式的中国乡村景观。

随着经济与科技的快速发展，城市化进程加速，农村建设的步伐加快，使得经济结构和空间结构发生了重大变化。事物都具有两面性，这种快速的发展除了带给我们生活舒适和便利，还使得农村的自然景观和人文景观遭受了严重的破坏。这种破坏导致农村景观中的生物多样性不断减少，植物没了生长地，动物没了栖息地，自然景观支离破碎，历史人文景观遭受拆迁、毁灭的打击。这种原生的桃花源模式逐渐被大机器打破，破坏程度已经完全超出了环境的自我修复能力。

传说中黄帝所在的原始社会，恶劣的生存环境迫使圣人带领人民“烧山林，破增薮，焚沛泽，逐禽兽，实以益人，然后天下可得而牧也”。然而现代的乡村景观却正在以这种毁林、毁草、填湖造田、破坏动物栖息地等方式破坏着生态平衡，破坏了天、地、人“三才”的统一整体，带来了一系列诸如沙尘暴、洪水、滑坡、泥石流等重大自然灾害。2010年8月7日发生在甘肃舟曲特大泥石流灾害就是典型的案例，人们无休止地滥砍滥伐、胡乱开采、过度开发是导致自然灾害的重要原因之一。而这些灾害又不得不使我们的建设从头开始，周而复始，恶性循环。这使我们不得不思考美国学者厄尔·F·斯潘塞的名言：“与自然平衡即取得成功。”

二、忽视可持续发展

中国是一个追求和谐的国度，这种和谐是“天地以合，日月以明，四时以序，星辰以形，江河以流，万物以昌”与“万物皆得其宜，六畜皆得其长，群生皆得其命”的天、地、人的和谐。合理利用自然资源，保持可持续发展是人与环境的和谐。

自然资源是社会发展的物质基础，在社会发展中应当开发利用，在新农村景观规划设计中亦是如此。在景观设计实践中所用的木材、石材、水、金属、矿产、植被、生物等都属于自然资源的范畴，同时也是自然景观的组成部分。开采利用自然资源时不能“涸泽而渔，焚林而猎”“杀鸡取卵”。要进行保护和规划，有节制、有计划、适时适度开采。中国古代就有许多关于合理利用资源、保持可持续发展的记载。“草木繁华滋硕之时，则斧斤不入山林，不夭其生，不绝其长也。”“断一树，杀一兽，不以其时，非孝也。”“不违农时，谷不可胜食也。数罟不入洿池，鱼鳖不可胜食也。斧金以时入山林，林木不可胜用也。”然而当今有些地方在进行新农村建设时，目光短浅，为了暂时的经济利益，不惜掏空自然资源，完全违背了自然的法则，使得自然资源利用殆尽，生物多样性极度减少，很多生物濒临灭绝。我们都不希望最后一滴水是我们的眼泪，也不希望地球上只剩下人类自己，所以我们要克制自己永不满足的欲望，合理地利用资源。[①]

三、缺失地域文化

法国著名农学专家勒内·杜博斯在强调地方精神时说：“地方精神象征着一种人与特定地方生动的生态关系。人从地方获取，并给地方添加了多方面的人文特征。无论宏伟或者贫瘠的景观，若没有赋予人类的爱、劳动和艺术，则不能全部展现潜在的丰富内涵。”这充分说明了地域精神与文化的重要性。美国、荷兰、德国、日本等国外发达国家的乡村景观设计在地域文化方面突出表现了不同国度的地域文化景观。以日本为例，其设计中坚持传统与现代双轨并行的发展方式，在景观设计中适当保留传统，同时将传统文化进行了现代形式的发展，取得了较好的效果。

我国在1989年10月召开第一届景观生态学讨论会后，学术界对景观研究投入了极大精力，大大地推动了乡村景观研究领域的发展。然而，尽管付出了极大努力新农村景观规划设计目前还处于初级阶段，而且在方向上出现了一定偏差。在建设上盲目模仿城市和西方模式，片面地认

①陈云舟．园林规划中乡村景观设计现状问题及发展趋势探讨[J]．佛山陶瓷，2022，32（11）：167-169.

为城市才是现代的，主要沿着城市景观的设计方向走，没有意识到城乡的功能差别和中西方在审美理想及文化方面的差异。造成民族艺术与文化融入的缺失，致使某些独特的、地域性的文化因素在文化历史发展的链条中断裂、消失。由此造成了部分中国乡村由“传统乡村景观”向“现代乡村景观”转变过程中的畸形发展，在地域文化的传承方面正面临断层的危机。中国的地域文化不同于欧洲，也不同于日本、东南亚，由于不同的地理环境、审美理想和文化背景，同样的事物在不同的国度里会产生巨大的差异。中国人喜欢“曲径通幽”，西方人喜欢“几何规则”；中国人追求审美主体的心理体验，西方人侧重外在形式。这就是文化的差异。

中国由于地域的广大和各种因素的差异造成了乡村景观的多样化。在新农村景观规划设计中应该更多地把握这种民族的、历史的、地域的文脉，并将之运用到设计中。特别是在地域文化与新农村建设景观规划设计的结合方面，新农村景观规划设计不仅要创造出具有“亲和感，养眼的风景，多种生物生息，宁静感”的新农村景观，而且要在景观设计中融入民族文化元素，这更能够成为一种地方“品牌”，获得大众的认可。新农村景观设计中地域文化因素的融入，实质上是对当地传统优秀文化的继承和发展。这种地域文化一方面有天人合一思想的大背景，同时兼具地域性。例如，“中原文化”“松辽文化”“岭南文化”“吴越文化”“荆楚文化”等。新农村景观规划设计，必须源自生活，既要扎根于地域风土（当地气候、地质、地形、植被），又要传承地域历史和文化，在生活中寻找设计的“根”和“源头”。同时还要灵活运用当地的材料，结合文化因素创造出富有当地特色的、绝无仅有的景观区域规划和独特的景观造型。这种历史和地域文化要有农村的特色，要体现出农村的优势，这样才能创造出“主人忘归客不发”的美好景观。

第三节　乡村景观设计的发展趋势

一、未来乡村景观规划设计思路

（一）生态宜居型

乡村居住型景观已成为乡村景观的主要模式，这就要求在乡村规划设计的过程中注重生态宜居性，将生态和居住两个要素有机结合。在开展乡村景观设计工作时，需根据乡村发展实况科学合理地进行设计，才能进一步确保乡村景观的生态环境宜居性。设计人员在设计生态宜居型乡村景观的过程中，不仅需要充分了解当地的地形地貌与自然资源，对区域开展科学合理的布局，还需结合当地人们的生产生活需求来完善居住景观的功能，从而切实提升当地居民的生活质量。①

（二）休闲观光型

乡村旅游景观模式的发展极大地提升了乡村经济。乡村旅游景观模式内容丰富，包含垂钓、蔬果采摘以及观光体验等项目，不仅让乡村资源得到充分的利用，也为人们提供了众多的休闲活动，满足人们的休闲需求。在打造休闲观光型乡村旅游景观的过程中，需做好景观区域的功能分区，将生产区、服务区、游览区等合理分布，完善景观功能。同时需注重基础设施建设和保护乡村历史文化，使人们在参加休闲观光项目时能够有强烈的文化体验。

（三）村镇社区服务型

村镇社区服务型模式是将乡村与城镇二者融合，使乡村居住景观具备城镇的便捷性，为当地人们带来了便捷的生活方式和生活空间，同时

①仇传辉. 乡村景观设计在园林规划中发展趋势研究[J]. 鞋类工艺与设计，2022，2（19）：143-145.

也更有利于管理，此模式是乡村居住景观的重要体现。在村镇社区服务型模式的规划中，乡村生态环境与地方文化特色的保护工作不可忽视，并需在此基础上合理配置乡村资源，使得乡村景观具备更高的地区适应性。

二、乡村景观设计发展趋势

乡村景观设计的目标是在保护和恢复传统乡土文化、生态环境的同时，创造出既美观又实用的乡村空间。随着科技的发展和人们对生活质量要求的提高，乡村景观设计的发展趋势可以概括为以下几点。

（一）实现城乡统一规划

在城乡一体化建设不断推进的过程中，各地在园林景观规划设计上开始进行深化美丽乡村建设的事业，结合不同区域情况有针对性地开展园林规划工作，确保乡村景观的文化特色能够得到展现。在乡村景观设计上，开始打造生态宜居型乡村景观，加强乡村景观与乡村居民生产生活的联系，借助园林设计方法完成乡村景观的发展性创造，在加强乡村景观生态环境保护的同时，能够与各地域乡村居民生产及生活相和谐，保证乡村景观能够得到可持续发展。在乡村景观布局保持合理的情况下，使乡村居民对居住空间的分割需求得到满足。遵循以人为本的原则，乡村景观设计在增强空间感的同时，为人们提供了足够的活动空间，促使乡村景观功能共享性得到增强，继而使居民生活质量得到提升。

（二）兼顾乡村经济效益与生态效益

考虑到乡村生态环境保护问题，园林规划中乡村景观设计开始向着兼顾经济效益和生态效益的方向发展，在对原有乡村景观进行科学合理保留的同时，完成新的乡村景观设计。通过完成田园风光、休闲观光等各种乡村景观设计，能够在满足乡村旅游产业发展需求的同时，使乡村周边生态环境得到最大限度的保护，继而使乡村景观的生态环境保持和谐发展。从环境保护角度进行景观设计，完成了服务区、生产区、保护区等不同景观区域的划分，在加强保护设施建设的同时，完成了植物合理搭配，使物种的多样性得到保证，促进景观环境的稳定发展。为避免乡村景观建造、乡村旅游运营给环境带来较大负面影响，要提前完成废水、废物处理方式等方面的规划，建立严格的保护和处罚机制，在增强居民生态环境保护意识的同时，使农村生态环境得到良好的保护。

（三）展现地域乡村景观文化特色

伴随着乡村景观的设计发展，地域乡村文化特色的彰显问题得到了越来越多的考量。在美丽乡村建设推进过程中，体现当地独特文化的景观建筑开始得到保留，能够使乡村特色文化得到保护和传承。而山石、地貌等景观为乡村自然景观，是乡村景观特色的重要表现和组成部分，一旦遭到破坏将难以恢复，因此在乡村景观设计过程中还要加强对这些景观设计元素的运用和保护。为加强与乡村景观自然特质的结合，乡村景观设计开始引入乡村文化风俗、地方耕地方式等乡村特色元素，通过抽象或具体化的设计手法保留乡村景观地方风格，促使乡村景观特色得到最直观的展现。通过对各种乡村景观设计元素进行有机的融合，给游客展现乡村景观特殊的氛围，凭借当地特殊的乡土景观特色的展现吸引更多游客前来，促使观赏者能够在产生情感共鸣的同时，提高对乡村景观设计的认同感，为乡村景观的可持续发展提供支撑。①

此外，在我国乡村景观设计的过程中需要坚持创新性原则，要体现出一个地区的特点，注重人文历史文化的传承。在设计的时候要先理解当地的自然环境、地域特点，同时还要重点分析风土人情、历史文化，将这些元素有效地融合到园林景观的设计中，才能够对文化进行创新和传承。随着我国互联网时代的到来，对于信息技术的应用要有效地结合外来文化和现代技术，在保留乡村本土特色的同时彰显出人文风情。

①王颖．新农村建设背景下乡村景观设计发展趋势与思路[J]．乡村科技，2021，12（16）：94-95.

（四）贴近生活，融入自然

乡村景观设计要贴近居民的生活，以服务居民为宗旨，从而创造一个良好的自然环境景观。在设计的时候可以适当增加垂钓区和休闲区，这样能够满足人们的生活要求。根据人们的日常生活需要，还可以适当增添景观灯等，为人们的生活带来更多的便利。另外，在设计的过程中遵循生态宜居的设计理念，在保证生态和居住两个要求的基础上，合理地控制环境特点和资源类型，实现对生活区的科学布局和规划，有效地改善乡村居民的生活质量。

综上所述，乡村景观建设是最终目的，是在促进乡村绿化水平有效提升的同时，改善人们的生活与居住环境。同时，我们在对乡村进行景观设计的同时，需兼顾当地的传统文化及特色，并将其融入景观设计中，对乡村景观的更新与改造，需以捍卫乡村文化特性、提升乡村景观价值、满足居民需求为最终目的。设计的宗旨也是围绕着人来展开，以人为本是设计的根本准则，亲近自然美景是一方面，而享受乡村提供给人们的舒适生活也是很重要的一方面。

第七章　乡村景观设计实践

第一节　宜居乡村小尺度景观设计研究——以江苏省徐州市铜山区汉王镇紫山村为例

目前，随着绿色宜居乡村项目的开展，很多乡村在建设过程中往往停留在大广场、湿地公园、生态田园等大场景的规划设计，对于小尺度景观的设计探讨依旧薄弱。乡村小尺度景观在中国乡村中占有重要地位，它凝结着中国老百姓的智慧和乡村风情，特别是一些景观细节元素的处理在整个宜居乡村小尺度景观中发挥巨大作用。本书所要讨论的小尺度景观包括通过公用环境设施、乡村铺地、乡村景观墙、乡村雕塑小品等景观要素。这些小尺度景观与人们生活关系最为密切，其品质将直接影响人们的日常生活。那么，在乡村景观设计中，创造意境无穷的小尺度景观，设计出具有亲切感，产生舒适和怀旧情愫的景观空间是当代设计师的主要任务。乡村景观可以说是融土地自然条件、农业生产和文化生活于一体的复合景观，它凝聚着乡村村民的智慧，是村民在生产生活中，利用当地自然材料和传承的民间技术，通过本土泥瓦匠、木匠、石匠等能工巧匠的双手营造具有人性化的小尺度景观。因为乡村生态系统、乡村聚居地沉积着当地的历史和传统，有着特有的乡土生境，其特色是在长期发展过程中留下的痕迹，体现了天人合一、适应自然、因地制宜的生态理念，让人感觉亲切，产生舒适、宜居和怀旧之感。乡土景观元素是地域特色和本土文化的表征，其色彩、质感与本土环境最为融洽，并且也产生了乡村固有的生产生活方式和特色乡村景观。其景观构成要素如乡土建材（青瓦、石材、青砖、木材等）、生活容器（石槽、石舂、箩筐、陶罐、葫芦瓢等）、劳作农具（木犁、耙子、镰刀、锄头、铁锤、石磨、碌碡、石碾等）、工艺制品（栅栏、灯笼等）、垒墙、乡村道路、乡土植被等。整个小尺度空间的景观设计离不开这些基本构成要素，它们为宜居乡村小尺度景观设计提供了原生材料，特别是乡村中的工匠或老百姓熟悉本土自然环境、乡土文化、风土人情等，能够灵活地运用自己的双手和人力来建造小尺度景观。如乡村的扶手、石墙的高度、道路的宽度、雕塑大小等都是根据人性化空间尺度来进行的，使人感受到一种亲切宜人的舒适感。

一、宜居乡村小尺度景观设计特征

（一）满足视觉美观性

乡村宜居生活追求的是一种慢节奏生活，特别是乡村老龄化、乡村旅游、乡村休闲文化等，人们不像在城市中以较快的速度前行，而是以一种慢动态视觉形式来观赏路边的风景，这种特点是它的灵魂所在。因此，在乡村景观设计中，要根据乡村不同空间性质，选择一种主要观赏者的视觉特性为设计依据，如建筑立面、砖瓦、地面铺装、垒墙、秸秆堆、栅栏等，在设计过程中不但要考虑这些要素远景整体效果，还要注意近景的细部创意，随着时间推移，表面氧化后留下的稳定锈色、青苔或其他痕迹，形成一种具有古老感的优美，这些要素不断地与乡村周围自然环境融为一体，流露出一种耐人寻味的乡村环境美。[①]

（二）注重生物多样性

景观设计为了保证系统的稳定和提高系统的效益，需要考虑人工生物群落的生物多样性的生存环境。保护生物多样性的目的是保持和维护乡土生物的多样性。在宜居乡村小尺度景观建设中，首先要注重庭院、乡村道路材料设计，这里是由多孔质的表面构成的，可以让雨水渗透形成自然的水循环，增强保水功能，为植物生长提供生存环境，另外建筑房前屋后、道路旁、石头干垒景墙、杂木林等均有缝隙，形成适应生物生长栖息的多孔质构造与斑块景观，为野生动物、家禽、鸟、鱼、昆虫等小动物提供了栖息地，空隙较大的地方为麻雀、水鸟等小鸟提供筑巢场所。

（三）保持本土个性

本土个性是由原来这个地方所具有的历史文化、风土人情、民族传统、文化产业等要素构成的乡村民居形式，房屋周边的篱笆或垒墙往往都会给人留下深刻的印象，使得这个村落成为一个整体，强烈地感受到这个地方独特的气氛，这种氛围的强烈感受，容易引起人们的共鸣，产生文化的认同感和家乡的归属感，能够唤起人们对过去的回忆，增强沉浸式体验的意愿。但近年来，宜居村镇建设快速发展，数千年乡村风貌、文化积淀被忽略，甚至连传统乡村农业生产、生活工具都在逐渐消失，乡村景观是根植于该地区人们漫长生活岁月之中所蕴含的深厚历史文化土地上，通过地方文化的传承和发展确保地方个性，当然照抄照搬传统的东西是不能使现代人满足的，应大量调研和分析本地风土特征、村民思维形式与建筑形式、行动特征及价值取向等，精心设计符合本土特色的景观素材，在材料、造型、尺度、色彩几个方面合理运用地域符号、文字、肌理等现代手法融入乡村景观中，将当地的历史性景观传承至今。

①邢洪涛．宜居乡村小尺度景观设计研究：以铜山汉王镇紫山村为例[J]．黄冈职业技术学院学报，2023，25（02）：92-96.

（四）赋予空间亲和性

乡村空间的服务对象是人，设计中强调主人翁地位，提倡人性化设计理念。考察乡村不同年龄、不同职业的村民生活习惯、行为活动、性格爱好等对空间设计具有一定的指导作用，因此，要善于灵活运用乡村自然素材和本地条件，在遵循人性化的空间尺度的基础上营造出具有实用性和耐久性的景观，并且具有亲和感。如乡村菜园木栅栏或石墙或花池高度设计不超过人身体高度，而是顺应地形，形成让人能够感受的人性化空间尺度的景观；还有道路的铺装、休息坐凳、台阶、坡道、庭院植物等均要符合人的比例尺度，让空间亲切宜居、宜人，不符合人体工学空间就显得没有温暖。因此，乡村景观要充分利用地形，把握人与物的比例关系，分析人的使用需求，在乡村景观创作中营造亲切宜人、吸引人目光的景观小品，才能给人留下宜居的温馨空间环境。

二、宜居乡村小尺度景观营建方法——以徐州市铜山区汉王镇紫山村为例

（一）项目概况

汉王镇紫山村是江苏省最早发展的传统村落之一。紫山村是徐州市铜山区汉王镇下辖的自然村，位于汉王镇中心，距徐州市区约15千米。分为东紫山和西紫山两村，形态呈“U”形，地势中部高四周低，整个村落环绕紫金山而建。它东临汉王水库和拔剑泉，环绕紫金山麓，整个山坡上都种满了各种果树，其中百年梨树有9000余棵。村的北侧还有河道，河水清澈见底，依山傍水，环境优美。紫山村以明清建筑为背景、两汉文化为传承，全村由300余幢传统徽派建筑组成，各栋建筑立面形态各异，均为两层楼房，面积200—600平方米不等，或临河而居，或独栋小楼，或庭院楼台错落。近年来，紫山村不断提升村民的居住舒适

感、幸福感，改善村容村貌，为宜居乡村建设和康养型乡村建设凝魂聚力，建设独具特色的田园风光、田园建筑、田园生活，营造一个美丽、宜居、活力的休闲度假区。

（二）紫山村小尺度景观设计构思

1.强调协调性

从设计行为特征来看，景观设计是一种强调环境整体效果的艺术，注重的是整体的协调性。在这种设计中，对各个实体元素的创作是必要的，但不是首要的，因为重要的是对整个室外环境的创造。乡村景观设计是一个在立体的乡村环境中研究从平面到立面再到立体的构成问题。因此，在景观事物形态、材质、色彩等方面需要与周边自然环境协调，尽量采用天然材料营造带有自然气息的生态环境，同时设计的乡村景观小品突出生态效果。如紫山村村头聚会广场、乡村休闲公园设计中的戏台、景观墙、垃圾箱、坐凳、扶手、照明灯、地面铺装、绿化、雕刻等在总体风格上与周边环境（建筑）形成统一完美的整体效果，在构形、尺度比例方面与建筑相协调，以体现空间的整体性，塑造出完美的景观场地空间。

2.体现人性化

人本主义强调以人为主，突出人性化原则，意在表现适宜的空间尺度、合理的人体尺度和惬意的心理满足。以人的需求作为出发点和终极目标，处处为方便村民考虑，使景观更多地体现人性特点，更富于人性关怀，让在外拼搏的村民回归乡村后，犹如倦鸟归巢，是一个能够给予人很多期待和眷恋的地方。如紫山村的景观设计中应充分考虑人在特定环境中的舒适度，分析不同年龄段的人身体健康状况、步幅大小、落足力度、村子常年气候特点等，对于乡村道路坡道、地面材质、铺设方式、防滑度等设计具有重要意义。在尺度适中的乡村和传统民居中，窄窄的村庄道路、小巧的空间，这些温馨宜人的乡村环境使人们在咫尺之间便可以深切感受到设施的造型、肌理、质感散发的美感。

3.突出艺术性

景观的艺术性通过造型、质感、色彩、肌理以及构成方式和布局方式的设计，使环境景观在视觉上呈现出一种美学现象。追求艺术性是人与生俱来的本性需求。乡村小尺度景观设计中所有内容都应满足使用功能和观赏功能，二者缺一不可。如紫山村有形的环境服务设施表现出对称与均衡（给人带来稳定、安宁和满足感）、重复与变化（具有连续与秩序性，形成视觉美）、对比与协调（在形状、色彩、比例、尺寸等方面进行调和，视觉上呈现出一种和谐之美），同时给人带来的是一种流畅、舒适、自然、协调的感受和各种精神满足。另外，在部分环境设施设计中增添智慧化服务系统，对营造舒适化、安全化、便捷化乡村环境具有重要意义。

4.注重细节性

景观是造型艺术，景观设计无论是从形式、结构、材料、设计语言和表达、尺度、纹理的选择，以及实施、老化和维护的需要，唯一的目的就是给人类创造适宜的环境，尤其是看得见、摸得着、用得上的小尺度空间景观，不能忽视景观细节。它不一定是来自那些以美丽或是经典著称的景观作品，它们也并不一定罕见或昂贵，重要的是它们的艺术品质。紫山村的景观细节范围较广，包括大量的各种各样的细部形式，包括地下的排水，地上部分的小建筑、围墙、大门、篱笆、坐凳、扶手、地面铺装等，其需要注重的细节元素是材质肌理、色彩、形态和施工工艺，既满足步行者的视觉审美特性，又起到对乡村本土工艺和文化的传承，形成具有强烈吸引力的宜居乡村景观。

（三）紫山村小尺度景观设计具体营造

1.公用环境设施

衡量一个乡村是否宜居，不仅看乡村的空间结构、建筑形态，同时还要看它的服务性设施，以及服务性设施的文化与艺术品位。舒适的环境设施能够给人们的休息、交往、出行、卫生等正常生活带来快捷、便利的享受。如扶手、坐凳、垃圾箱、环境标识设施等，这些都是常用的小尺度构件，在点缀乡村环境、美化乡村空间方面也有意想不到的效果。

（1）乡村的扶手

为满足传统村落村民不同程度生理活动的使用需求，在道路两旁、台阶、建筑外墙壁上安装无障碍扶手（高度90厘米），无障碍扶手的设置保证了行动不便的人出行活动的安全。或许使用率不高，但是它营造了一个充满爱与关怀、方便、切实保障人类安全、舒适的乡村生活环境。

（2）坐凳

坐凳是在景观中为游人提供休息、交流、观赏的景观设施，造型设计不仅要与所处的环境特点结合，还要满足人的活动规律和心理习惯，满足人体舒适度的要求，如紫山村的休息坐凳采用废弃的碌碡、石碾、马车轱辘或天然石块、天然木材等制作，其高度（40～42厘米）调整到符合人的基本生理尺度，座面磨光处理，以便提高人们在使用时的舒适度。

（3）垃圾箱

垃圾箱是收纳垃圾的景观设施，在满足其使用功能的前提下，应通过材料和形式来体现乡村特色。如紫山村的垃圾箱（高度80厘米），材料方面选用的是木材，外立面雕刻有汉代回纹，顶盖采用木质坡屋顶造型，色彩呈现的是原木色，满足人们亲近自然的心理需要，从情感上拉近人与自然之间的关系，体现低碳性；整体造型凝聚了传统与现代艺术的光彩与魅力，体现了鲜明的时代气息和乡土文化特色。

（4）环境标识

该设施造型设计应因地取材，体现本土特色，设置地点要明确、醒目，风格要与周边环境相统一。如入村特色环境标识使用的是原木框架加石磨制作的“紫山村”位置标识，文字是以醒目的朱砂红色隶书撰写（凹雕工艺）。形成特色的乡村形象入口，是乡村景区的空间界定，既有装饰作用，又有宣传和强化形象作用。乡村其他标识，均以自然石材、柳条或藤条、原木材等制作，禁用不锈钢、塑料、玻璃等现代材质。

（5）照明灯具

在村巷及道路两侧交错布置照明灯具，采用箩筐、鱼篓、篮子等改造加工造型独特、线条优美、制作精良的灯具样式。在庭院、村巷及散步道，布置低位置照明灯具，尺度控制在人的视线以下（高0.6米，间距6米）；在主要的乡村道路布置干道灯，高度控制在3米之内，其间距为15米。在夜间通过一定的灯光营造，光线从“箩筐”“鱼篓”等灯具中透出，能够形成斑驳的光影效果。

2. 乡村铺地

人们的出行、户外活动离不开道路景观，村民对道路的审美、安全、社交及休闲需求始终贯穿在日常生活行为中，它影响着乡村环境空间的景观效果，成为乡村景观画面中不可缺少的一部分。首先，虽然现代社会研发了很多景观铺装材料，但是在宜居的传统村落还是要采用本土材料，如青瓦、卵石、砖、青石片岩和乡村老石板等，目的就是要与周围建筑在环境氛围上显得协调一致，让乡村道路与传统村落融为一体。如紫山村房前屋后和庭院内的道路铺装均采用自然风格的石材，强调的是一种“景”，并在局部铺装上雕刻了图案（农产品、家禽、鸟、鱼、昆虫、十二生肖等），构形上使用了重复，给步行者赋予一种节奏感，使其组合的铺装图案图形（人字纹、席纹、冰纹梅花、十字海棠、莲花、石榴）具有趣味性、可读性、观赏性，增加景观的文化内涵，引发人们思考与联想，细部的设计图案给人留下了深刻的印象。其次，乡村地面铺装使用了表面粗糙（毛面、斩假面、凿面）、耐磨、坚固、平稳的石料板材，这样能防滑，在暴晒、风雨、寒冬、冰雪等气候状态下，确保行人和车辆行驶安全，恰当地选择合理的铺设才能帮助村民尽量避免滑到损伤、行走困难等情况，以促使其增加运动量、动作幅度、游玩时间等，最终带来良好舒适的感受。最后，在紫山村道路宽度设计方面，设计师根据在村中调研（日常出行打招呼、巧遇，在路边、集会地交谈等）得出数据，设计合理的宽度（乡村主路3.5～5.0米，支路2.0～3.5米，小路1.2～2.0米），有利于人们眼神交流、礼貌地避让、友善地打招呼，促进交往产生。

3. 乡村景观墙

景观墙作为景观的构成元素之一，作为边界的分隔物，不仅在视觉上要满足美观需求，还要在功能上营造空间变化丰富有序、层次分明的效果，为使用者创造一种心灵的沟通和感受的传达。乡村景观墙则应以当地村民生活需要，建立一个富有本土文化特色、被当地人所喜爱的物质化载体，以此达到融合当地文化精神，增强村民自豪感的目的。第一，房前、巷子及乡村道路两侧砌筑景墙高度在0.45～3.0米之间，材料选择上使用了当地的毛石、卵石、青砖、瓦片等，砌筑成许多直线及弧线的垒墙、花坛景墙等，与当地废弃的陶瓷片、陶罐、石磨、石舂等相搭配，有缝隙的多孔质垒墙和深灰色的瓦屋顶相呼应，给整个村落带来一种独特的神秘气氛，体现了乡村质朴粗犷的风情，使人倍感亲切。第二，比较有视觉艺术的就是民居墙壁装饰，在强调该领域空间特点的同时，对环境氛围予以渲染，如在村中墙壁上设计制作一幅幅栩栩如生的壁画（汉画像石图形、丰收图、二十四孝图、二十四节气图等），为单调的视觉环境注入活跃的气氛，达到整体提升环境艺术的目的。第三，山地农田有高差，沿着等高线耕种，并在田边堆石，石头大小与石墙高度符合人的活动规律。第四，景墙的绿化，为美化环境、调节小气候发挥重要作用。如利用爬山虎对庭院墙进行垂直绿化；利用迎春、连翘、常春藤种植在砌筑的挡土墙上方进行绿化；利用有阴面的垒墙上附着虎耳草，掩盖生硬的直线条，使景观更具装饰性和柔和感；另外，利用灌木（金叶女贞、紫叶小檗、石楠、金边卫矛、花叶青木、八角金盘等）将挡土墙的墙根进行遮挡，景墙的直线条变得柔和，形成没有压迫感的景观。

4. 乡村雕塑小品

以雕塑艺术的形式塑造宜居乡村形象，让人们通过雕塑语言感悟乡村的文化、享受乡村的魅力、领略乡村的意境是雕塑艺术介入乡村建设并推动宜居村镇发展的价值所在。乡村的雕塑艺术，不仅能装点和美化环境，更能化景物为情思，即升华为乡村的“符号”或“标识”，成为传承地域文脉、体现场所精神、追述农耕文明、凝练乡村特色的文化共同体，发挥促进文化交流和区域经济发展的功能。如紫山村的集会场地设计的“牛耕地”“送饭”“撒种子”“收割麦子”“打谷子”“扛筐”“推车卖大蒜”“挑水”“喂鸡”“打铁”“凿石”“纳鞋底”“烙煎饼”“擀面条”“斗鸡”“下棋”“滚铁环”等场景雕塑，雕塑中的人物形象饱满，动作栩栩如生，与当地的乡村文化相映衬。另外，是吸取当地文化特色，提取石槽、石舂、箩筐、陶罐、葫芦瓢、木犁、石磨、碌碡、石碾、马车轮等乡村特色元素进行设计组合。通过陈列、重复、韵律的手法让传统和乡土的景观成为传统元素的集聚，通过巨大的数量让人们深刻感受到一种令人震撼的美，使观赏者能够清楚地感受到乡土景观元素符号的质朴与沧桑，以达到触景生情的视觉效果。这些置于乡村公共空间的雕塑艺术已不是单纯的审美对象，而是升华乡村身份的品牌标识与视觉符号。

综上所述，美丽宜居乡村小尺度景观营建的核心内容是环境设施应该满足视觉美观，注重生物多样性，保持乡土个性和赋予空间亲和性。

其设计应强调协调性，体现人性化，突出艺术性，注重细节性。挖掘、提炼乡土景观构成要素，融入宜居乡村景观设计中，对于宜居乡村建设具有重要意义。本书研究还存在一些不足，如对乡村产业景观涉及较少，对生态景观中的自然生态还缺乏深入研究。因此，在以后的类似设计中，必须注重生态功能与风土文化保护与利用，保留乡村原本的底蕴和特色，实现宜居乡村建设的乡土化，为村民营造更为舒适的生活环境，提高村民的生活质量。

第二节　基于产业特色整合的乡村景观设计研究——以浙江省台州市路桥区峰江街道蒋僧桥村风貌提升为例

随着《中共中央国务院关于学习运用“千村示范、万村整治”工程经验有力有效推进乡村全面振兴的意见》的出台，各地正在有序推进乡村振兴规划，如何发挥规划作用、实现规划目标成为重中之重。从过去实践案例中发现在美丽乡村建设过程中，政府期望把重点放在产业发展上，从而带动乡村的全面发展，然而在实施过程中，乡村建设重点却转换为空间环境整治和景观风貌的提升。面对这个问题，政府和乡村建设设计师需要重新思考乡村建设模式和规划设计方法。在乡村振兴背景下，乡村发展需要内生动力，形成可持续发展的产业机制，引导资本和劳动力等要素回到乡村，否则乡村在失去政府资助后，美化的乡村将再次丧失活力。

基于产业特色整合的乡村景观设计的研究目的是通过对乡村进行整体统筹规划，尊重乡村既有肌理，营造特色产业景观，引导和促进产业发展，提升产业化水平，打造“一村一业”，实现产业发展带动乡村的可持续发展，改善乡村人居环境。研究成果为中观和微观的乡村风貌建设提供一个框架性导则，以期能对范围广阔的乡村建设起到现实指导意义。①

研究相关文献发现，对不同产业类型的乡村景观研究大多是以人文地理学和景观生态学为理论，从乡村资源的保护、开发角度出发，建立评价指标体系，对某一种产业类型提出乡村景观设计策略和建议，分析评价实践案例在生态、文化、经济等方面的作用。对主要文献进行归纳总结，主要研究内容如表7-1，其中李王鸣等人对浙江省安吉县的乡村进行研究，把乡村产业划分为农业型、工业型、历史文化型与休闲旅游型村落，分析了乡村景观的产业机理，提出了产业对乡村景观形成的正负效应；王云才在《现代乡村景观旅游规划设计》中论证了不同主导产业类型背景下乡村景观旅游的规划设计，并对乡村产业发展和景观优化提升进行分析；徐呈程等人根据浙江省的实践，提出基于自然生态系统、经济生产系统、聚落生活系统下的乡村风貌特色规划引导思路和策略；彭建等人以云南省永胜县为例，运用系统聚类法对滇西北山区乡村产业结构与景观多样性进行了相关性研究；吕明伟以休闲农业发展为出发点，总结了乡村休闲农业园区的规划设计要点；陈继腾等人聚焦乡村旅游业发展，以安徽省黄山市为例，提出了以乡村景观形象带动旅游产业发展的规划概念等。

表7-1　乡村产业与景观相关文献主要研究内容

研究方向	乡村产业发展视角	乡村产业与景观融合下的乡村可持续发展视角
主要内容	①基于区域产业特征发展下的乡村景观格局变迁 ②不同主导产业类型下的乡村发展现状、策略及规划，其中旅游业为主导产业类型下的乡村发展研究居多	①乡村产业与乡村景观的相关性探讨 ②特定产业类型的乡村景观设计探讨，主要以生态农业和乡村旅游业类型下的研究居多

①齐敦军，朱萌，王志. 基于产业特色整合的乡村景观设计研究：以浙江省蒋僧桥村风貌提升为例[J]. 安徽建筑大学学报，2019，27（02）：25-31.

一、乡村景观与乡村产业发展现状

乡村景观包含了乡村地区的生活、生产、生态三个方面的景观，它是村庄聚落景观、产业景观、自然生态景观的综合体，这三个层次景观的整体性结构反映了人与自然的关系，其中产业景观代表了乡村经济水平与生产方式，它是新农村建设的重点方向。

（一）乡村景观在乡村建设中的不足

从大量的乡村建设实践中可以看到，乡村环境整治和风貌提升取得了一定的成效，但其中出现了不少乡村景观设计案例直接套用城市景观布局和设计手法，产生了一些没有实际功能意义的景观，如大广场、大假山等；还采用移花接木的手法，植入一些与原有乡村格格不入的文化，如建设大牌坊、建筑外皮上的简欧式处理，打造“面子工程”。这类乡村建设过分注重形式，没有真正考虑城镇化背景、产业转型等因素，也没有从根本上发展农村经济。

总的来说，乡村景观的不足主要体现在：①未对不同特色村庄进行系统分析，在景观设计中套用成功案例或过分强调个性化，形成“千村一面”或“千村千面”的两极分化，丧失乡村景观本真。②未对乡村风貌特征及内在机制的本质进行挖掘，以至于将乡村风貌特色的设计重点放在景观节点、建筑外立面等显性意象元素的塑造，而忽略了产业特色培植、公共服务设施配套和基础设施生态化等品质要素。③对乡村的乡土文化和地形地貌、水系、山林等生态要素综合考虑不够，使得乡村建设丧失了原有独特的场所文化和环境相融肌理。

（二）乡村景观与乡村产业融合不足

我国传统的乡村一般都拥有良好的生态环境和丰富的自然资源，但在乡村景观设计中，未能很好地对生产空间、生活空间、生态空间这三者之间的资源进行优化与结合，乡村产业与乡村景观的融合度亦不足，具体表现在：①以第一产业为主导的乡村景观未能深入研究乡土景观特色，未能充分挖掘乡村的传统文化内涵，在乡村景观设计中，直接套用城市景观设计手法，未能发挥出田园风光的自然魅力。②以第二产业为主导的乡村景观面貌脏、乱、差，政府过多注重经济效益的提高，而忽略了乡村景观的生态环境保护与治理、乡村景观文化的传承与创新，其产业发展的模式也较单一，忽略了当地经济发展的水平、技术条件与景观资源等状况，从而造成乡村产业发展的模式趋同化现象严重。③以第三产业为主导的乡村景观未对现有自然资源充分利用，把重点放到了休闲设施和商业设施开发建设，使得与自然和谐共生的农业产业景观和自然资源日益消耗和流失，最终导致乡村旅游吸引力不足，乡土景观同质化。

二、不同产业类型的乡村景观设计

乡村的经济生产系统包含基础农业生产、企业和第三产业等因子。乡村主要以农业生产为主，而农业生产是一个经济再生产与自然再生产相互交错的过程，与乡村风貌特色有一定的关联。随着乡村引入现代都市农业、文化旅游业以及承接城市工业项目转移，这些都会对乡村的聚落形态、景观格局、建筑特点、设施配套等产生不同程度的影响，从而对乡村景观风貌的变迁产生积极或消极的作用。

（一）乡村景观设计应以“三生融合”为出发点

乡村景观一般由自然生态景观、生产景观、聚落生活性景观组成，三者相互促进、相互影响。自然山水、地形、植被等组合构成了不同的乡村景观基底，决定了乡村景观总体外貌，影响了乡村的产业布局和聚落形态。生产景观包括农业生产景观、工业景观和旅游景点。农业生产景观是乡村产业景观的主要特征，它和自然生态景观构成了绝大多数乡村的景观基底。但随着经济发展，出现了现代生态农业园、现代都市农业观光园等新型高科技农业园区，形成了新的农业生产景观。乡村的工业、旅游业发展也会对村庄的空间布局、聚落的形态、植物的选择与配置、建筑及设施风格产生不同程度的影响。聚落生活性景观包括物质空间和非物质文化两部分，如聚落形态、乡村建筑、习俗文化等，它展现了村民生活的各个方面，形成了风格各异的乡土景观。总之，乡村自然生态景观、生产景观、聚落生活性景观相互渗透、相互影响，在乡村建设中，应在尊重地域自然特色和聚落生活性景观的基础上，寻求满足产业发展要求最佳方案。乡村振兴战略背景下的乡村建设就是从生产、生态、生活的“三生融合”出发，特别是对经济生产系统的重点考虑，对乡村产业与景观空间进行一体化研究。

（二）不同乡村产业类型下乡村景观设计的原则

1.不同乡村产业类型对景观的影响

乡村产业结构与景观多样性之间存在相关性，乡村产业与景观之间有着相互影响的肌理。这主要表现在两个方面，一是人类生产力发展和产业结构的变化影响景观多样性，二是不同类型的产业类型对自然生态环境和农业生态环境的干预深度差异，对环境的影响程度也不同（如表7–2所示）。

2.不同乡村产业类型下乡村景观设计的原则

乡村景观设计应充分响应镇规划和村规划，同时应与村庄综合风貌和谐统一，还应充分考虑未来村庄景观格局演变，文化旅游型村庄还应延续和挖掘文化遗存。乡村景观的设计本质就是乡土特色挖掘与展现，不同地域由于地理风貌和文化差异再加上不同主导产业特征综合，形成了截然不同的乡村特色。通过上文对不同乡村产业类型对景观影响的分析，总结了在不同乡村产业类型下乡村景观设计原则（如表7–3所示）。乡村景观设计原则与乡村产业类型紧密联系，产业基础是乡村可持续发展的基本保证，是景观建设的物质基础，而景观特色对产业的发展具有重要的促进作用，它们相辅相成，只有将乡村景观与乡村产业融合才能真正实现乡村振兴。

（三）不同乡村产业类型下乡村景观设计引导

总体思路是强调产业发展与景观价值、功能的相容或匹配。

首先，以第一产业为主导的农业型村庄。景观设计应充分发挥自然田园风光特色，对于发展传统农业的村庄，应以村庄的公共空间和村庄居住空间改造为主，主要增加基础设施建设，为农业发展提供基础，景观上采用乡土材料，营造与田园风光共融的特色风貌；对于发展生态农业、循环农业等现代化高效农业，景观设计应以促进产业发展为核心，以村庄主要特色农副产品为景观设计主题，对村庄入口、主要交通干道、园区等对外形象展示区重点设计，同时对村庄的基础设施和居民的生活场所的景观进行优化提升。有条件的乡村可以发展“农田园林”新景观模式，充分发挥茶园、竹园、花木基地等天然优势发展休闲观光农业。景观设计元素上应对乡土的“物”再利用和对乡土的民俗和故事进行挖掘，确立乡村风貌的景观主体，种植富有本地特色的乡村树种，营造地域原生景观。

其次，以第二产业为主导的工业型村庄。新建工业园区应避开乡村生态环境脆弱和原生植被丰富生态空间。景观设计应以原有乡村肌理为脉络，保证景观生态安全格局，应展现乡村产业特色，以乡村景观建设促进乡村产业发展，以产业发展带动乡村景观提升。在乡村景观设计中应强化景观的生态功能和服务功能，美化环境与净化空气，同时提供便捷的公共服务设施，满足工人及居民的生活需求。

最后，以第三产业为主导的历史文化型和休闲旅游型村庄。历史文化型村庄：保护和延续街巷空间格局和建筑特色，传承乡村文脉，进一步挖掘地方特色和文化遗产。具体表现在对传统的街巷和聚落空间保留，适度修缮乡土建筑和景观，对建筑进行合理的功能置换，起到传播文化、增加活力的作用。新建建筑形式应与保留建筑风貌协调，建筑布局和景观应融入村落肌理。景观设计中应充分挖掘乡土的“物”，即乡土的材料、植被、器具、色彩和工艺等实体元素，延续特色文化元素；应充分挖掘乡村的“事”，即乡土的民族风气、地方习俗、民间工艺以及乡土节庆气氛等事件元素，从而展现出乡土意境和地方情结。休闲旅游型村庄：保证乡村景观的原生态，拓展生态旅游产业的内涵。乡土情结是乡村旅游需求的根本动机，应保护生态环境和田园风光、适度开发休闲及商业设施、提炼乡土景观元素，营造独特地域景观。总体环境布局上延续乡村既有肌理，景观节点设计上又充分利用当地乡土元素，构建和谐自然的地域特色风貌。

表7-2　不同乡村产业类型对景观影响

产业类型	构成要素	对景观产生的影响
第一产业——种植业	耕地、温室、大棚	根据作物群体的面积和形状，形成的大小不一、边界多样的斑块或廊道。自然生态环境和农业生态环境良好，丘陵地区形成的梯田景观别具特色，现代农业改变了原有自然田园风光，形成了新的农业生产和景观体验的场所
第一产业——林业	人工林地	重要生态廊道或景观斑块，结构单一人工林斑块，会降低生态稳定性。林地的大面积种植形成了某种植物的特色景观
第一产业——牧业	人工草场	动物饲养会导致环境容量下降，生物多样性降低，对生态环境影响较大，草场形成了别具特色的景观风貌
第一产业——渔业	养殖鱼塘	整齐的方块鱼塘使得斑块的形状简单，景观多样性下降，鱼塘成为景观的重要组成部分
第二产业	加工厂	工业污染会影响物种多样性和景观多样性，零星的产业用地使得景观破碎后，产生的废弃物对景观环境造成严重影响，工业生产和工人生活需要景观配套，工业建筑和设施对景观产生影响
第三产业	自然资源、人工景观	自然资源受到一定的人为影响，过度开发会使田园景观遭到破坏，保留的文化遗产往往商业化严重，旅游服务设施及人造景观节点丰富了景观风貌，但不少景观设计风格城市化，与自然生态景观不协调

续表

产业类型	构成要素	对景观产生的影响
复合型产业类型	上述多种组合	除上述各构成要素对景观产生影响之外，各构成要素之间的协调与冲突也会对景观产生影响，如第一产业和第三产业的复合以及第一产业和第二产业的复合，较易于实现产业融合，景观交融共生；而第二产业和第三产业的复合，景观需要处理第二产业景观风貌，较少对第三产业发展的不利影响，需要优化提升第三产业，以第三产业带动第一和第二产业发展

表7-3　不同乡村产业类型下乡村景观设计原则

乡村产业类型	景观设计原则
第一产业	①自然生产性原则：应统筹山水林田湖草系统治理，保持生态环境和自然风貌，展现田园风光特色，村庄形态的引导应保持乡村以自然为主、以农业生产为核心的特点；②实用性原则：景观设施应以基础设施建设为主，改善居民生活条件，同时服务农、林、牧、渔业综合发展，禁止动用耕地、防止土地污染；③乡土和谐性原则：设计手法应师法自然，营造地域原生景观，设计材料应采用乡村材料及乡土植物；④设计低成本原则："低废弃""低干预""低建造"与"低维护"策略
第二产业	除遵循第一产业景观设计原则之外，需要突出强化以下几点：①生态环境保护与治理先行；②防止规模过大的工业"异质体"，应将产业发展融入景观生态格局；③为满足工业生产及居民生活需求，应优化基础设施及公共服务设施配套；④设计风格上充分考虑产业特征，提炼产业景观元素，以景观建设促进乡村产业的发展；⑤可因地制宜地恢复部分第一产业
第三产业	除遵循第一产业景观设计原则之外，需要突出强化以下几点：①地域差异化原则：保持地域景观特色，提炼乡土景观元素，提升景观旅游资源，展现乡村文化遗产，传承地域文化，防止景观雷同；②城乡差异化原则：适度开发建设旅游服务设施，防止城市化景观蔓延；③旅游资源分级控制原则：因地制宜划分保护区和限制开发区，防止生态环境破坏；④村庄景观风貌协调原则：制定景观设计引导与规范，防止粗制滥造的小农意识的造景，保持旅游景观的质朴和原生态

三、产业特色整合的景观设计案例探讨

（一）产业发展与景观现状

1. 区位与村庄概况

蒋僧桥村处于台州市市区与温岭市市区之间，属于亚热带季风气候。本次规划范围为蒋僧桥村行政范围，辖区总人口1362人，面积约为70公顷，主要以住宅用地、产业用地、农林用地和水域为主。村庄属于平原地带，县道白剑线贯穿村庄东西，交通便捷，主要住宅用地沿县道呈带

状布局。

2018年，台州市出台了美丽乡村建设的实施方案，以“美丽乡村、和谐台州”为主题，努力建设一批全省领先“宜居宜业宜游”的美丽乡村。根据台州市路桥区“十三五”发展规划，蒋僧桥村所属的峰江街道将依托路泽太一级公路沿线区块推进生产资料市场、万亩花卉苗木基地及中国路桥花木城；将以原金属再生园区地块“退二优二”为重点推进产业转型，引导发展以先进制造业为主的工业产业。根据规划，村庄周边的台州花木城和村庄内部的小微产业园区将带动村庄的产业发展，对乡村景观产生重大影响。

2.产业现状与特征

全村主要以钢管加工、苗木和箱包加工为主导产业。①第一产业：场地内农林用地大约35公顷，其中苗圃用地约20公顷，基本农田生态基底良好。②第二产业：蒋僧桥村目前拥有钢管个体企业户20家，箱包个体企业户35家，吸引着外来务工人员前来就业。调查统计16家企业，生产类型主要包括钢管制造、粮仓机械和箱包加工，这16家企业年产值总计15800万元（如表7-4所示）。③第三产业：蒋僧桥村第三产业的发展较落后，村庄东南部的Vivian庄园发展较好，主要承接花卉展览和休闲活动。

表7-4　产业现状对照表格（以调查统计的16家企业为例）

产业类型	主要产品	年产值(万元)
第二产业	钢管	9700
	箱包	3200
	粮仓机械	2900

根据蒋僧桥村产业现状总结出产业特征是：产业结构复杂，以第二产业钢管加工和箱包加工等为主，以土地出租开展旅游服务业和苗圃形成独立地段。存在主要问题有：（1）主导产业特征明显，但未统一规划管理，土地利用率低，产业发展阻滞。村庄开展的苗圃产业与西北侧花

木城形成同质竞争。独立地段开展的旅游服务业采用封闭式管理，庄园内外环境不协调，外部环境的脏乱差影响了产业发展。（2）产业用地权属复杂，违章搭建的小型加工厂房多，村庄建设用地和各个产业用地各自为营，未能统一管理。

3. 乡村景观现状及存在问题

目前蒋僧桥村景观可以分为三类：自然景观、半人工景观、人工景观。自然景观以基本农田和河流为主；半人工景观包括苗木基地和Vivian庄园；人工景观包括沿县道的村庄建设用地景观及工业用地景观。总体上看，蒋僧桥村的景观特征为：以大面积的苗木基地和基本农田为基质，但与半人工、人工景观之间缺乏联系，不同的景观斑块相互割裂。具体来说，小型工业厂房呈零碎斑块分布；苗圃林种单一，生物多样性低；废旧金属拆解造成的水质污染较为严重；工业生产形成的固体废弃物影响景观美观，噪音大影响居民生活。

（二）基于产业特征的景观规划策略

1. 基于生态环境保护的产业结构优化

乡村产业结构是由生产力决定的，但自然条件制约着它的发展。因此，在乡村环境建设中，应着重推动乡村特色产业发展，充分、合理利用乡村现有自然资源与劳动力资源，打造乡村特色产业，并使得各产业协调发展、相互促进。根据蒋僧桥村产业发展现状及自然资源情况，对蒋僧桥村产业结构优化应遵循以下原则：①产业发展与生态环境保护并重；②结合村民意愿，强化主导产业，提升竞争力；③考虑生态、社会、经济综合发展。

根据以上原则，在进行蒋僧桥村产业结构优化时，建议采取的措施如下：①延展苗木种植产业，保护基本农田：引入生态农业理念，苗圃建设应丰富物种多样性，优化苗木种植产业结构和布局，加快苗木新品种培育、新技术和新设施的应用，提高苗木产业经济效益，并延展花木产业的“生产、生态、生活”功能，打造富含地域特色的苗木培育基地，同时结合Vivian庄园营造生态、自然的乡村特色休闲生活区。②优化升级加工产业：本着集约和节约原则，整合蒋僧桥村钢管和箱包加工企业，统一规划小微产业园区，发挥地域优势，强化产业特色，升级产业设施配套，提升产业园区环境。对原有零星的违章厂房进行拆除，对破碎化的生态环境进行治理。③培育旅游电商产业：随着蒋僧桥村西侧花木城项目的落地，将为蒋僧桥村第三产业的发展带来很大机遇。围绕“蒋僧桥村精品村”建设，以绿色精品、休闲观光为主线，通过完善农家乐、拓展Vivian庄园类休闲度假园地和挖掘特色美食餐饮服务业等，为花木城游客提供观光、休闲等服务。同时，未来可依托小微产业园区标准化厂房，由二产加工业向三产电商业实现转化，承接鲜花电子商务产业中的冷链物流和鲜花包装等环节。

2.基于产业类型特征的景观设计

蒋僧桥村产业定位上以第二产业为主，同时适度发展第三产业，结合前文对不同产业类型的景观设计原则的研究，充分考虑村庄产业类型特征，采用融合生态、生产、生活的多层次景观塑造方法，提出蒋僧桥村景观重塑的策略是：①生态环境保护与治理先行，保护作为自然基底的基本农田、优化苗圃种植结构、营造湿地景观，改善水质环境；②防止规模过大的工业“异质体”，应将产业发展融入景观生态格局；③为满足工业生产及居民生活需求，优化基础设施及公共服务设施配套；④设计风格上充分考虑产业特征，提炼产业景观元素，以景观建设促进乡村产业的发展；⑤拆迁的用地可因地制宜地恢复部分第一产业；⑥提升景观旅游资源，制定景观设计引导与规范。

具体措施有：①保护村庄内部基本农田，清理龙潭里泾河道，种植水生植物改善水质环境；②统一规划产业用地，将产业用地与自然环境联系起来，拆除零星厂房，整治脏、乱、差，改善村庄风貌；③以钢管为景观材料，对县道两侧街道进行改造，使街道空间成为产业展示空间；④统筹Vivian庄园和苗木基地，改变分割的现状，运用乡土景观元素改造庄园入口空间；⑤优化西侧花木城到Vivian庄园的道路空间，沿道路完善农家乐等服务设施建设；⑥对拆除后的用地一部分作为苗木建设用地，另一部分沿着龙潭里泾河道，设计服务于工人和居民生活的小游园。

首先，总体设计根据村庄现状条件和设计原则，打造“两轴”（白剑发展轴、重点发展轴）、“三心”（景观核心、红色文化核心、产业发展核心）、“八区”（红色文化展示区、生态休闲区、产业集聚区、林木活动区、高端养生区、综合服务区、苗木种植区、村民居住区）的结构布局。其中重点打造龙潭里泾生态公园，重点整治过境道路白剑线。

其次，重点区域景观设计——龙潭里泾公园。①定位：以水环境为底，创建生态公园，以工业风为形，彰显产业特色，将龙潭里泾规划为集生态修复、景观体验、产业文化于一体的生态湿地公园，结合工业风及乡土性景观元素，打造创意与艺术兼具的特色景观。②设计主题：围绕“田园风+工业风”两大主题，塑造不同的主题空间。③设计内容包括：乡村艺术草坪、健身及儿童乐园、田园鸟舍烧吧、1961峰江公社、龙潭里泾湿地、乡村LOFT、废弃书吧。④设计风格：以工业产业文化为背景，利用回收废弃钢管、锈板构造工业风，给人以浓郁的文化体验和视觉上的冲击感，打造与众不同的乡村产业景观。

美丽乡村景观的建设模式就是依据各自的生态环境、文化资源、民风民俗、特色产业等条件，规划出一种适应自身需求且与众不同的景观风貌。本书通过理论探讨和案例经验总结，提出不同产业类型乡村景观设计原则和设计引导，并以实践案例探讨如何进行产业特色整合与景观风貌提升相融合。基于产业特色整合的乡村景观设计是以乡村景观建设促进乡村产业的发展、以产业带动乡村景观的提升为目的，要求设计者应深入了解村庄现状、村民需求，梳理村庄产业，选取具有代表性的特色产业，确定乡村特有的主题定位及规划策略，尊重乡村既有肌理，对乡村进行整体统筹规划。

第三节　乡村振兴背景下美丽乡村景观设计——以福建省漳平市西园镇遂林村为例

党的十九大报告中提出了乡村振兴战略，在此战略下乡村景观的规划设计应打破传统思路，注重特色化发展，深度挖掘当地人文地域特色，打造出独具乡愁乡韵的美丽乡村景观，以推动当地乡村旅游业的发展，继而带动乡村经济发展。

一、遂林村概况

（一）基本信息

漳平市，名取“邑居漳水上流、千山之中，此地独平”之意，位于福建省西南部，九龙江（北溪）上游。地处闽西的东大门，东毗永春县、安溪县，南连华安县、南靖县，西临新罗区，北接永安市、大田县，外接厦门市等闽南沿海发达地区，内连闽、粤、赣腹地。漳平市辖区总面积2975平方千米。西园镇隶属福建省漳平市，地处漳平市中西部，东与和平镇、菁城街道、桂林街道毗邻，南临拱桥镇，北连南洋乡，西同龙岩市新罗区接壤，东北接新桥镇，与漳平市区的直线距离为7千米，区域总面积76平方千米。

截至2020年，西园镇辖9个行政村。2022年4月，西园镇与福建龙钢企业集团公司达成乡村振兴战略合作，积极推动西园镇“五村同创五星乡村”建设，助力乡村振兴，构建山水园林——魅力西园。西园镇遂林村美丽乡村景观建设项目占地面积约71.5万平方米。遂林村整体地势较为平坦，西临九龙江，西北靠近福建龙钢的厂区，有低矮的丘陵，东北毗邻漳平红狮水泥有限公司。村落民居集中分布在片区中部，两侧有广袤的农田景观，视线开阔，与九龙江景遥相呼应。

（二）资源

首先，遂林村整体地势西高东低，背山面水，地势平坦开阔；村庄西北部的钢铁厂是区域的制高点，可俯瞰全村面貌；村内大地农田景观效果极佳，平坦开阔的田园风光随着节气的变化呈现不同的色彩；遂林村临近九鹏溪，水资源丰富，非常适宜将滨溪地域打造成一个水上互动空间。随着福建龙钢AAAAA级旅游景区的建设，未来将会有大量游客前来参观游览，遂林村可作为龙钢景区周边的旅游拓展项目，吸纳更多元的旅游客群。村内宗祠众多，礼孝文化底蕴深厚，可深度挖掘遂林村特色文化内涵，开发特色文旅项目。

其次，遂林村第一产业以种植业为主、养殖业为辅，主要种植水稻、玉米、辣椒、豆类等。第二产业有一定规模，临近的水泥厂及钢铁厂吸纳了村内大量就业人员。第三产业基础条件良好，随着两家大型工厂的不断发展，遂林村作为周边区域，未来餐饮业、旅游业的发展前景不可小觑；乡村游和农家乐的发展同样前景可观，非常适合深入扩展开发。

（三）设施条件

1.遂林村整体设施

目前，遂林村整体基础设施薄弱，存在诸多问题。入村道路规划不合理，路网杂乱，尚未形成一条清晰的环村景观游线；电网线杂乱无章，存在安全隐患且有碍观瞻，需要重新梳理整合；村内少部分地区设有垃圾分类区，尚缺乏集中回收垃圾的处理站；村内排污、排水沟系统有待提升；缺乏活动健身、休闲观赏的景观空间；照明系统也有待完善和提升。①

2.村内庭院设施

村内建筑分为两类：①破旧土房老屋，包括传统宗祠祖宅和已经荒废的旧房、厕所、饲养矮棚等；②20世纪70—80年代修建的砖混类建筑，质量尚可，但许多建筑墙体裸露或配色过于艳丽，与村内风格不协调，且宅间绿地杂乱，杂物、木料或建筑废渣等随意堆放，景观效果不佳，亟须改善。

二、遂林村整体规划设计

（一）规划范围

遂林村全域红线范围为715130平方米，主要由村道及沿线景观、入村游客服务中心景观、民居及宗祠改造提升、传统民居宅院改造提升和滨溪景观建设五部分组成。

（二）规划分析

遂林村景观规划以“山水林田村”自然元素为特色，充分利用九鹏溪的绿水及江畔的良田资源，注入文化内涵，营造“一环两轴五带”的特色线路。其中，“一环”指的是一条环抱全村的景观主线，“两轴”代表的是纵横交错在村内的主轴线村道，“五带”则是指将全村景观按功能与主题特色划分为5个景观带——大地农田景观带、农旅民宿景观带、农旅开发景观带、滨溪游赏景观带及古民居与宗祠文化景观带。利用“以线穿点、以点带面”的规划结构，将全域打造成集游乐（农田游览、乡园摄影、主题节庆）、体验（农耕体验、特色民宿、特色餐饮）、运动（拓展运动、骑行）和养生（禅意体验、雅林静养、垂钓棋道）于一体的美丽乡村。

①钱圣诞．乡村振兴战略背景下美丽乡村建设规划设计的思考与建议[J]．未来城市设计与运营，2023（09）：27-29.

（三）规划定位

遂林村在规划定位上，立足当地特色资源，深度挖掘当地民俗特色与传统文化，并充分利用创新农旅融合，拓展出一条丰富多样的乡村振兴路。同时，提炼出三大策略定位，三位一体，共建最美遂林村。

首先，大地为画水为诗，共筑田园梦。将大地田园与九鹏溪的空间格局联动，让游客全方位体验自然之美。

其次，乡村振兴，农耕文化旅游致富。遂林村素来以农耕为主，利用合理景观规划，打造新农村文旅融合的大环境。通过营造多层次的乡村旅游观光空间，突出令人惊艳的视觉体验、故事体验、场景体验，营造出“村即是景”的效果，丰富农耕旅游体验，拓宽乡村旅游致富路。

最后，弘扬崇文重教、耕读传家、礼孝为先的传统文化。遂林村有10余座宗祠，历来推崇礼孝文化，可挖掘遂林村民俗特色，通过节庆、演艺和活动等形式发展地域特色人文旅游，弘扬优良传统文化。

（四）产业发展方向规划

1.绿色产业

乡村绿色产业应立足当地生态资源和特色农业资源，积极推动生态资源优势向产业优势转换，从而形成绿色、低碳、无污染的绿色产业，给消费者提供更多的绿色产品。

（1）生态种植业

遂林村可充分发挥原有农田区域种植蔬菜、茶叶等农产品的基础，并在村庄入口开辟一定规模的荷花塘，增加景观观赏性和经济效益；提高特色化、精品化、标准化、设施化和生态化水平，打造主导优势产业集群；加强特色农产品标准化生产，采用“一品一策”模式，加快农业标准化技术的推广应用；重点引进优良蔬菜新品种，全面推广集约化育苗等高效、安全的生产技术，加强采后处理及冷链系统建设，积极采用直供直销等现代化营销方式使种植端精准对接市场需求。

（2）农业科技企业

遂林村可顺应互联网发展趋势，针对市区中高端客户提供绿色优质的农产品，加强与各互联网销售平台的对接，促进电商发展；积极推进现代科技农业发展，推广应用智能化集约化种植技术，推动农业向自动化和智能化方向发展。

2.农耕创意项目

遂林村可通过创意项目增加农耕体验感，以专属农场、动物喂养体验园、动物比赛场、徒手逮物和农家美食制作体验等多元化形式，让村民和游客可以真正体会到田园生活的乐趣。同时，为市民和游客提供更丰富、更新颖的乡村旅游产品，让人们不仅想经常来，而且想留下来，真正成为村民引以为豪的田园家乡、市民的公园、游客的乐园，立足第三产业引导乡村振兴的落实。

3.休闲服务业

（1）休闲观光

遂林村以茶叶、烟叶和荷花种植基地为基底，突出诗画田园风格，在发展区域休闲农业资源和土地资源基础上，积极引入休闲观光业态，打造一批集产品开发、休闲观光、自然景观、农业加工制造于一体的休闲观光农业项目。

（2）运动

遂林村可尝试打造若干户外运动基地，如以骑行、徒步、露营为主题，策划一些高质量的山地户外骑行、露营等活动，以吸引大量的户外运动爱好者。

（3）康体疗养

遂林村可积极开展各类集养生、度假、休闲于一体的度假式康体疗养服务，推出农业观光、生态休闲、度假休闲等各类养生产品和线路，开发多样化的饮食、保健、运动、文化、娱乐、教育等衍生产品。

三、遂林村分区规划设计

遂林村内景观被连片的农田与聚集的建筑群落分为鲜明的两块，并沿江畔延伸出了一条绿意葱葱的生态廊道。全村规划设计在原风貌基础上，融合产业规划思路，进行合理的空间布局规划。

（一）宗祠文化线

遂林村礼孝文化底蕴深厚，村内宗祠建筑10余座，且都临近溪畔，布局紧凑，适合打造一条以宗祠为主线的景观游赏线路。

（二）农旅景观

滨溪道路景观规划完成后，应拆除村内破旧的土房和饲养牲畜的矮棚。拆除后的空地紧邻新建道路，非常适宜结合农旅体验内容打造一条景观带。通过植入蔬果采摘体验、农事农具体验、动物饲养体验、香料种植科普、露营，以及休憩茶室、荷花塘和游鱼观赏池等项目，丰富游赏的内容，提高游客的参与度。

（三）农旅民宿区

遂林村建筑空间布局较松散，周边场地较开阔。民居不仅有前庭和后院，还有农田环绕在宅院边，非常适合打造乡土风格的古朴民宿。在农旅民宿区中可植入休闲农庄、民居民宿、休憩茶馆、小酒馆和农家体验基地等项目内容，满足游客住宿、吃饭、团建和聚会等需求。

（四）田园观光

在大地景观中打造生态田园观赏体验空间，修葺古朴的卵石机耕道，使游客能穿梭于农田之中，近距离观赏和体验农田的丰硕之美，更加亲近自然。同时，可设置农田知识体验、农田稻草人节、稻田迷宫等娱乐活动和设施，提供稻田夏令营、农田写生和农田艺术创作等空间。

（五）滨溪绿带

滨溪绿地长约1165米，宽约60米，紧临环村大道，且毗邻九鹏溪畔，尽享河岸两侧自然山水风光。滨溪景观中设置有景观长廊、凉亭、休闲广场、健身漫步道和沙池游园供游人休憩玩耍。滨溪水岸线将联动福建龙钢AAAAA级钢铁工业旅游景区和遂林村，形成一条完整的景观游览路线，促进村、镇、企共建共享美丽乡村。

（六）建筑改造提升

村内建筑风貌普通，只有少量建筑外墙贴有瓷砖，大部分建筑外墙裸露。因此，可将建筑墙面统一刷米黄色漆，增加蓝色线条，并增设白色窗框；亦可在建筑的顶部统一采用灰蓝色斜屋面，围墙的装饰风格也采用古朴的仿石砖铺贴，并利用卵石围边的方式作为绿地空间的围合，统一整村的建筑风格。

（七）庭院改造提升

1.庭院类型

庭院空间设计可依据功能性的不同划分为居家型和经营型。居家型庭院以硬质铺装为主，优化铺装风格，庭院中间留出足够的停车、晾晒与户外起居的空间，并结合绿化植物优化遮阳棚造型。经营型庭院可开发手工展示，游人采摘、垂钓、观花赏花及家事体验等活动区域，结合特色产业将展示性、参与性和娱乐性融为一体。

2.庭院植物配置

农村庭院内的植物配置应鼓励“微菜园”形式，用栅栏进行围合，院内可设置花台，种植当地蔬菜、花卉、小灌木或果树等植物，还可在庭院内放置农具增添乡土风貌。庭院外可用天然石块围合花坛，种植自然的地被、灌木植物作为过渡，如蔬菜、南天竹、三角梅、兰花、黄花菜或紫衣甘蓝等。

四、遂林村景观绿化植物配置

首先，主轴道路绿化以黄花风铃木作为行道树，并在间隙种植红叶石楠，以及耐旱性、抗病性强的植物，如金娃娃萱草、肾蕨、荷兰菊、地被菊、波斯菊和金鸡菊等，营造一条花香四溢、热情缤纷的迎宾村道。

其次，外环道路绿化以黄花风铃木作为行道树，并在间隙种植乡土特色植物，如金娃娃萱草、肾蕨、月季和向日葵等。

最后，宅间绿化以观赏性强的果树、彩色叶植物和造型美观的特色乡土植物为主，如三角梅、红叶碧桃、樱花、芭蕉、柿、石榴、龙眼和杧果等。地被和灌木则多采用开花、彩色叶及易打理的乡土植物，如彼岸花、黄花菜、肾蕨、月季、红车、炮仗花、风车草和芦苇等。

规划建设美丽乡村的意义在于提升乡村环境及生活品质，但绝不能千篇一律。只有深度挖掘各个乡村深埋在乡道宅间的浓郁乡愁和乡韵，用淳朴的艺术形式还原并升华设计，在具备乡村文化内涵的基础上，植入创新的农村文旅项目，策划全方位的深度旅游体验，才能创造出让村民与游客真正认同的梦想家园，拓展乡村旅游致富路。

参考文献

[1]陈网.美丽乡村景观设计研究[M].延吉：延边大学出版社，2020.

[2]陈云舟.园林规划中乡村景观设计现状问题及发展趋势探讨[J].佛山陶瓷，2022，32（11）：167-169.

[3]仇传辉.乡村景观设计在园林规划中发展趋势研析[J].鞋类工艺与设计，2022，2（19）：143-145.

[4]党伟，李凯歌，郭盼盼.美丽乡村建设视角下的乡村景观设计探究[M].昆明：云南美术出版社，2020.

[5]丁云峰，王玥.浅析寒地乡村景观设计中植物的配置与应用原则[J].工业设计，2021（03）：99-100.

[6]窦宗信，吴天珍，张庆霞，等.美丽乡村景观设计中乡土植物的应用研究[J].农业科技与信息，2023（10）：128-131.

[7]杜雪，肖勇，傅祎.景观设计[M].北京：北京理工大学出版社，2021.

[8]高少洋，马云.乡村景观植物群落设计探究[J].山西林业，2021（06）：40-41.

[9]公淇.美丽乡村背景下乡村景观规划设计策略[J].农村实用技术，2020（02）：186.

[10]蒋娴，高西美.地域文化视角下浙江地区乡村景观设计研究[J].明日风尚，2023（21）：94-96.

[11]李鹏波，雷大朋，张立杰，等.乡土景观构成要素研究[J].生态经济，2016，32（07）：224-227.

[12]刘春珍.乡村景观的规划设计问题探讨[J].民营科技，2012（05）：193.

[13]龙岳林，何丽波.乡村产业景观规划[M].长沙：湖南科学技术出版社，2021.

[14]鲁苗.环境美学视域下的乡村景观评价研究[M].上海：上海社会科学院出版社，2019.

[15]路培.乡村景观规划设计的理论与方法研究[M].长春：吉林出版集团有限责任公司，2020.

[16]吕勤智，黄焱.乡村景观设计[M].北京：中国建筑工业出版社，2020.

[17]齐敦军，朱萌，王志.基于产业特色整合的乡村景观设计研究：以浙江省蒋僧桥村风貌提升为例[J].安徽建筑大学学报，2019，27（02）：25-31.

[18]钱圣诞.乡村振兴战略背景下美丽乡村建设规划设计的思考与建议[J].未来城市设计与运营，2023（09）：27-29.

[19]乔爽.旅游产业开发与生态保护原则下的乡村景观规划设计[J].艺术科技，2018，31（10）：33.

[20]任永刚，齐昀，李珍瑶.兴农视野下的乡村景观设计规划策略研究[M].北京：中国商业出版社，2021.

[21]铁豪.地域文化在乡村景观设计中的价值与思考[J].美与时代（城市版），2023（02）：101-103.

[22]王海童，焦建.生态景观在乡村景观设计中的应用研究[J].明日风尚，2023（21）：103-105.

[23]王颖.新农村建设背景下乡村景观设计发展趋势与思路[J].乡村科技，2021，12（16）：94-95.

[24]邢洪涛.宜居乡村小尺度景观设计研究：以铜山汉王镇紫山村为例[J].黄冈职业技术学院学报,2023,25(02):92-96.

[25]杨源源.乡村景观规划设计要素构成[J].美与时代（城市版），2020（04）：51-52.

[26]杨昀轲.乡村振兴战略背景下的乡村景观设计探究[J].牡丹，2023（22）：108-110.

[27]尤南飞.景观设计[M].北京：北京理工大学出版社，2020.

[28]袁园作.乡村振兴背景下的乡村景观设计研究与实践[M].北京：中国纺织出版社，2023.

[29]张丹萍.乡村景观设计中“空间美学”的营造与实践：以万银村为例[J].美术观察，2023（08）：156-157.

[30]张琳.乡村景观与旅游规划[M].上海：同济大学出版社，2022.

[31]赵千慧.基于审美体验的浙江石壁湖村旅游景观设计研究[D].杭州：浙江工业大学，2020.